I0009362

José Castrodad Ph.D.

Life
Sucks!

Revisado y actualizado

Sobre cómo el poder interviene
ideológicamente en la vida y cómo lo
resistimos.

Esta publicación es propiedad de José Castrodad Ph.D., quien tiene todos los derechos de diseño y textos. Ninguna parte podrá ser reproducida de forma alguna sin su permiso.

Primera edición: 2011
Life Sucks
© José Castrodad 1949
© Ediciones Arlequin
RR-2 Box 5732
Cidra, Puerto Rico 00936

ÍNDICE

*Dedicado a
la gente que busca porque se siente
insatisfecha.*

*A mis hijos Joel y Joselly.
A mis nietos Julián y Sabina.
A mi esposa Linda.
Y a mi madre Aida Angélica*

Preámbulo
Razón de Ser

Este libro comienza con una queja. Se trata de una historia de insatisfacción producto de vivencias del autor que aún le queda por superar. Desde muy joven, el autor, que no es otra persona que quien escribe estas palabras, se había resistido – por lo menos de manera intelectual – a ser un mero actor de reparto en un mundo creado en el pasado, del cual no pudo haber sido consultado, que le fue impuesto bajo la prédica de que todo fue bien hecho y que debe seguir así sin cuestionamiento de clase alguna. Mucha de la prédica fue conformada con un mensaje ideológico avasallador que se fue universalizando desde los países nacionales más poderosos hasta nuestro momento en que se habla de una 'aldea global'. Esta aldea nunca dejó de responder a intereses geopolíticos, como una vez fue, sino que se ha erigido como consecuencia del arropamiento interesado de las fuerzas económicas y de mercados históricos, las que desde su nacimiento dirigen al mundo hacia el consumo, el financiamiento y la banca, bajo una nomenclatura totalmente oligárquica que atenta contra todos los principios y fundamentos democráticos. Por ello es que verán en el Prólogo una queja; la queja de la insatisfacción existencial perpetua que muy bien encarna Harry Haller, El Lobo Estepario. Cuando mi hija Joselly leyó el capítulo a petición mía su respuesta fue muy expresiva: ¡Merde, Life Sucks! De ahí, el título del libro. Buscábamos en el estilo atípico de la producción del Prólogo, penetrar el ánimo y el espíritu más que el intelecto porque éste tiene el propósito de preparar al lector para entrar a la discusión restante de los capítulos, y la expresión espontánea de mi hija recogió ese sentimiento.

De otro lado, este libro pertenece a muchas personas. En él se recogen las ideas de grandes pensadores que han estado presentes en el campo del intelecto pero que no han estado a la mano de la gente común y corriente. Mi propósito – en este libro -- ha sido simplificar el mensaje de aquellos y proveerlos a todos mis lectores de la manera más fácil que he podido, esto es, a través de mis propias experiencias. No me he preocupado tanto por citar a muchos de los autores que utilizo con el rigor que exige la academia porque no he querido caer en la producción de un libro que destile erudición más que comprensión y entendimiento.

Advierto que en este libro están entremezcladas las ideas de muchos autores con las ideas mías. No he pretendido apoderarme de las ideas de ellos. Me siento un poco como que he venido a simplificarlas. Esta actitud nace en por mi tradición de periodista. Me parece que al periodista se le ha dado la tarea de simplificarle al mundo hechos que se representan muy complicados o enmadejados por la propia naturaleza social o por las tendenciosas manipulaciones del poder de dominio. Partiendo de ahí, me he propuesto simplificarle a la gente algunas teorías que creo que le serán de importancia.

Otro de los propósitos de este libro es que sirva de reflejo para el lector. Que mis lectores puedan reflejarse en estas experiencias personales mías y que de ahí partan hacia un proceso de interiorización reflexiva propia que los lleve a comprender mejor lo que está ocurriendo alrededor de ellos. El libro, no obstante, va escalando en complejidad hasta alcanzar el nivel de la teoría. Con ello, cumplimos el objetivo de guiar, como un lazarillo, el proceso reflexivo que podamos provocar. En esta etapa he tratado de simplificar lo teórico y admito de antemano que posiblemente no lo he conseguido siempre.

Históricamente, se ha dicho que el filósofo griego Sócrates fue el inventor del esencialismo, es decir, de la búsqueda de los elementos esenciales de toda entidad. En cierta medida voy detrás de eso en este libro. Mientras Sócrates buscaba el conocimiento de esa esencia, yo voy tras la búsqueda del conocimiento pero de la ubicación que tenemos en nuestra sociedad en medio de las fuerzas poderosas de las ideologías. Tomo prestado, por otro lado, el término Autología para significar ese proceso de búsqueda personal. Se trata de un momento de desesperación ontológica crítica que se da cuando uno no se ve iluminado por las fuerzas exteriores, sino oprimido y explotado por éstas. Se hace cuando se siente que ni le es respetado el pensamiento propio, ni su subjetividad y muchos menos, cuando se interviene hasta con sus deseos.

En este libro pretendo también hacer acercamiento a las tecnologías de la explotación, tomando el concepto de 'tecnologías' de Althusser, y desnudar la madeja de mensajes ideológicos y presiones diseñadas que se dan por todos lados. Son mensajes a veces imperceptibles pero que llenan nuestro espectro social y que calan profundo en nuestra conciencia. Son como las ondas de sonido que están en todo el espacio nuestro pero que no las vemos sino a través de receptores específicamente diseñados para ello. Y es esa la idea de este libro, que nos veamos como receptores de las ondas del control social que se emiten desde todos los puntos, particularmente, desde el mundo del neo liberalismo. Así como los instrumentos de recepción convierten las ondas imperceptibles en imágenes y sonidos, así nosotros respondemos al mensaje ideológico con conductas, pensamientos y rutinas culturales convenientes para el emisor.

Los padres de nuestras patrias visualizaron una sociedad para disfrute y beneficio de la gente. Por ello, pretendieron crear un ambiente de vida democrático; justo para todos, igual para todos, de paz, de seguridad y de libertad. Pero, a juzgar por lo que vemos en nuestros alrededores, evidentemente hemos fallado estrepitosamente en ese propósito. Vivimos en lo que puede llamarse: la tierra de los deseos, según lo han descrito algunos sociólogos. Se trata de una tierra construida, ya no por nosotros los agentes, sino por otros con los sueños que todos tenemos. Pero son sueños de abundancia que no siempre van a la par con los medios económicos que poseemos. Son sueños fomentados por la publicidad de las empresas, los bancos y los medios de comunicación.

Como digo más adelante en este libro, desde hace unos 50 años -- siguiendo la ruta establecida en los Estados Unidos y copiada por el planeta— todo el planeta y mi querido Puerto Rico fueron transformándose en una nación de consumidores. Los valores tradicionales fueron cediendo al culto por el confort y la tenencia, con una necesidad de tener hoy más que ayer y mañana más que hoy. El comercio se convirtió en una religión, y los centros comerciales en las iglesias y en los templos que visitamos los domingos y todos los días de la semana.

Ritzer (1998) describió muy bien ese espacio físico que le dedicamos en nuestra sociedad al consumo en su libro 'Encantando a un Mundo Desencantado". Llamó como 'catedrales de consumo' a los centros comerciales y describió las maneras que utilizan los manejadores para vestir de sonido, colorido, magia y fantasías lo que en otros momentos puede considerarse como algo frío y calculado como lo son los procesos de compra y venta de productos. De igual manera, Ritzer (1993) llamó como la Macdonaldización, los principios que se han incorporado en los estilos comunes de vivir la vida que han sido tomados de los restaurantes de comida rápida.

Por otro lado, nuestro sistema educativo – que representaba una de las esperanzas para la reconstrucción social -- ha caído en manos de esa cultura empresarial – que responde a intereses económicos. Esta cultura empresarial considera a la sociedad en general como una superestructura objetiva y permanente que tiene que ser llenada con personas que funcionen en cada uno de los niveles de la superestructura. En nuestra sociedad, como los valores y las verdades que prevalecen son las de los grupos que dominan, las escuelas se han dedicado a reproducirlos indiscriminadamente a través de todo el proyecto curricular. En este sentido las escuelas, lejos de ser centros para la equidad, la justicia y el cambio, de posibilidades y de esperanzas para los grupos diferenciados, se han convertido en aliadas de los que representan los valores y los propósitos de la cultura empresarial, quienes ven las escuelas como un instrumento adicional -- a la televisión, el cine y la publicidad -- para la reproducción hegemónica.

La ciencia tradicional del currículo ha trabajado con insistencia en la producción de modelos dirigidos a la transmisión de información y valores humanos y sociales y al desarrollo de actitudes, aptitudes y conductas de muy cuestionable procedencia. Mi planteamiento es que en su inmensa mayoría, esos esfuerzos han sido dirigidos a complacer las urgencias de una sociedad que vive en el exterior de los planteles, pero especialmente dirigidos a complacer los intereses del mercado y la economía. La pregunta que nos hacemos es: ¿cuándo vamos a comenzar a trabajar de manera honesta y sincera en favorecer los intereses de nuestros estudiantes? En ese caso ¿cuáles son los valores que se deben transmitir a través de la educación? Nos encontramos con una sociedad que fomenta un modelo social individualista. De no modificar lo que hemos venido haciendo, el futuro de nuestros niños será similar al que sus padres tuvieron. Si pensamos que nuestra sociedad está deshecha y llena de desesperanza e injusticia, ¿cuán diferente será en los lustros por venir con una escuela como la que poseemos?

Por otro lado, estimo que se hace necesario reexaminar el rol de los intelectuales en cada país, de aquellos que establecen las medidas valorativas y defienden y justifican la ideología con que se crea el sentido de realidad particular de que todo está bien, de que vivimos en un país de abundancia ilimitada, de que lo importante para alcanzar la felicidad es tener un buen trabajo, generar algún ingreso y poder adquirir bienes, de que todos somos iguales y que tenemos las mismas oportunidades que tienen todos en esta sociedad democrática, que a todos se nos escucha por igual y que todo se puede lograr si verdaderamente se quiere. Es mediante estas consignas hegemónicas con que se refuerzan las creencias de nuestra gente para obtener el consentimiento público para lo que establece la mayoría intelectual o dominante en nuestra sociedad. Muchos de esos intelectuales aportan efectivamente a la producción de la simbología que será consumida por las nuevas generaciones, proveyéndole de un campo conceptual ya allanado y trabajado. Lo lamentable es que el grupo mayor de intelectuales 'orgánicos', como los llamaría Gramsci, responde al llamado de la melodía económica.

Algunos de nosotros hemos desarrollado ciertas destrezas críticas para batallar más o menos efectivamente contra las fuerzas en conflicto pero hay muchos otros que no han podido desarrollar esas mismas destrezas y son objeto del desconcierto y la confusión frente al panorama de contradicciones que se les presenta ante sí. Y es aquí donde se encuentran nuestros jóvenes. Estos sufren el desconcierto constante producido del conflicto entre lo que es y lo que debe ser.

Ciertamente, cuando hablamos de democracia globalizada tenemos que hablar de dos tipos de democracia: la democracia pública y la democracia privada. Diríamos que en la democracia pública se recoge a una mayoría no participante, pasiva y víctima de unos grupos dominantes, en que prevalecen los grupos económicos y financieros, que establecen las normas y los requisitos para vivir en ésta. Estos grupos tienen su modo típico de actuar y utilizan todos los medios para producir y reproducir el aparato táctico necesario para prevalecer y perpetuarse. Entre este aparato o tecnologías de explotación es que se encuentran conjugándose nuestros niños y jóvenes y los adultos con los medios de comunicación, el mercadeo, la publicidad, la educación y las escuelas.

Durante los pasados 30 años, las ciencias sociales han estado muy activas en la producción de nuevas versiones y críticas de los modelos teóricos tradicionales. Nuevas versiones sobre las teorías de los signos en el uso del lenguaje han salido a la discusión pública. Estas teorías profundizan sobre la explotación de las imágenes y sobre la producción de la representación artificial que se hace de la realidad según producida por la publicidad y por el omnipoderoso impacto de la televisión y los medios impresos -- que responde al aparato económico dominante. Ya no se puede esconder el impacto de estos medios en la producción de las subjetividades y la manipulación de los deseos de la gente, particularmente en los niños y jóvenes.

En el capítulo 1, mis lectores verán, con cierto detalle, el proceso de reflexión del autor y el fundamento para producir este libro. Sentado en el ánimo de El Lobo Estepario, de Herman Hess, se presentan los cuestionamientos principales que luego se discuten en los capítulos siguientes. Como secuela al proceso autológico que se inicia en el Prólogo, en el Capítulo 1 se hace un recuento de la familia del autor y la simbología y códigos que le fue prescrita y que luego fue reforzada en la escuela a la que el autor asistió. Esta se describe en el Capítulo 2. En el Capítulo 3 se atienden las manifestaciones de control social que se dan en nuestra sociedad. El Capítulo 4 es dedicado a tratar el tema de las imágenes y el espectáculo que se da en esta sociedad con las presiones neoliberalizantes; el Capítulo 5 trata el tema del sentido común, los sistemas simbólicos y el habitus; el 6 atiende el tema de la vigilancia social y los sistemas y herramientas que se aplican más comúnmente y, finalmente, en el Capítulo 7 – el más teórico – se hace una relación de algunas de las teorías críticas que se utilizaron en el libro y damos los primeros pasos para el establecimiento de una contra cultura de resistencia.

He tratado de que este libro sea ameno, medio autobiográfico de por cierto, porque los libros densos también me aburren. Finalmente, he preferido hacer capítulos cortos porque siempre cierro muy temprano los libros con capítulos interminables.

Aprovecho esta ocasión para agradecer a los compañeros profesores de la Universidad Interamericana, Dres. Ileana Irving y Leonides Santos y Vargas por su generosidad al obsequiarme con un sinnúmero de recomendaciones que permitieron mejorar este documento. A mis hijos, Joel y Joselly y a mi madre, Aida`Angélica, quienes fueron mi inspiración; a mis nietos Sabina y Julián a quienes les dejo estas ideas para que las repiensen y a mi querida esposa Linda por sus ideas, paciencia y constantes palabras de amor.

Confío en que la lectura de este libro sirva de comienzo de la liberación personal de mucha gente.

José Castrodad

"Life Sucks"

La hostilidad que llevo adentro o el Lobo Estepario

"Por ejemplo, cuando Harry en su calidad de hombre tenía un bello pensamiento, o experimentaba una sensación noble y delicada, o ejecutaba una de las llamadas buenas acciones, entonces el lobo que llevaba dentro enseñaba los dientes, se reía y le mostraba con sangriento sarcasmo cuán ridícula le resultaba toda esa distinguida farsa a un lobo de la estepa, a un lobo que en su corazón tenía perfecta conciencia de lo que le sentaba bien, que era trotar solitario por las estepas, beber a ratos sangre o cazar una loba, y desde el punto de vista del lobo toda acción humana debía resultar horriblemente cómica y absurda, estúpida y vana. (...) Pero cuando actuaba como lobo, la parte de hombre que llevaba le llamaba animal y bestia, y le echaba a perder y le corrompía toda la satisfacción en su esencia de lobo, simple y salvaje. Así

estaban las cosas con el lobo estepario, y es fácil imaginar que Harry no llevaba precisamente una vida agradable y venturosa". (Fragmento: El Lobo Estepario)

Siempre he pensado que la felicidad – al igual que la libertad -- es un confite elusivo y muy difícil de alcanzar. Todos la queremos paladear, pero sus azúcares nunca llegan a saciar nuestros espíritus completamente. Esto es, la felicidad y la libertad nunca se presentan completas y por ello a nadie le es posible acapararlas para sí en su totalidad. Siempre quedan unos pedazos que buscar y de ahí, precisamente, parte la imposibilidad de alcanzar -- en ambos casos -- el orgasmo absolutamente pleno.

Quien mejor recoge la esencia de esta condición humana perpetua lo es Harry Haller, el Lobo Estepario (1975). Hesse dice sobre éste lo siguiente:

"Estos hombres tienen todos dentro de sí dos almas, dos naturalezas; en ellos existe lo divino y lo demoníaco, la sangre materna y la paterna, la capacidad de ventura y la capacidad de sufrimiento, tan hostiles y confusos lo uno junto y dentro de lo otro, como estaban en Harry el lobo y el

hombre. Y estas personas, cuya existencia es muy agitada, viven a veces en sus raros momentos de felicidad algo tan fuerte y tan indeciblemente hermoso, la espuma de la dicha momentánea salta con frecuencia tan alta y deslumbrante por encima del mar del sufrimiento, que este breve relámpago de ventura alcanza y encanta radiante a otras personas. Así se producen, como preciosa y fugitiva espuma de felicidad sobre el mar de sufrimiento, todas aquellas obras de arte, en las cuales un solo hombre atormentado se eleva por un momento tan alto sobre su propio destino, que su dicha luce como una estrella, y a todos aquellos que la ven, les parece algo eterno y como su propio sueño de felicidad. Todos estos hombres, llámense como se quieran sus hechos y sus obras, no tienen realmente, por lo general, una verdadera vida, es decir, su vida no es ninguna esencia, no tiene forma, no son héroes o artistas o pensadores a la manera como otros son jueces, médicos, zapateros o maestros, sino que su existencia es un movimiento y un flujo y reflujo eternos y penosos, está infeliz y dolorosamente desgarrada, es terrible y no tiene sentido, si no se está dispuesto a ver dicho sentido precisamente en aquellos escasos sucesos, hechos, ideas y obras que irradian por encima del caos de una vida así. Entre los hombres de esta especie ha surgido el pensamiento peligroso y horrible de que acaso toda la vida humana no sea sino un tremendo error, un aborto violento y desgraciado de la madre universal, un ensayo salvaje y horriblemente desafortunado de la naturaleza. Pero también entre ellos es donde ha surgido la otra idea de que el hombre acaso no sea sólo un animal medio razonable, sino un hijo de los dioses y destinado a la inmortalidad." (Hasta aquí la cita).

Veamos el asunto de la siguiente manera. Se nos ha dicho y repetido con insistencia agobiante que tenemos el derecho inalienable para escoger los caminos hacia nuestra felicidad; que corresponde a cada persona labrarse su propia felicidad y que nada ni nadie puede intervenir en la búsqueda del bienestar y la completa plenificación de su existencia. Cada uno de nosotros, según estos corolarios, debemos poseer la libertad más absoluta de escoger los caminos que nos dirijan sin regodeos banales a nuestra felicidad. También se nos ha dicho que, siempre y cuando no obstaculicemos la búsqueda de los otros a su felicidad, toda estrategia y acción está permitida en el proyecto. Desde el famoso Epicuro, hasta el presente, el asunto ha sido así y de hecho creo que todas las cartas constitucionales que se han escrito desde la Revolución Francesa hasta estos tiempos, comienzan con la prédica de que nadie puede ni debe perturbar los caminos de la felicidad individual y colectiva de nadie. ¿Cuántas páginas se han dedicado a estas disquisiciones a través de la historia? ¿Cuántas luchas se han librado? Pero, tras centurias de búsqueda, hay que preguntarse si habrá algún ser humano que pueda lanzar al viento su voz y exclamar con furias de alegría 'detente tiempo que eres tan bello', y dejarse caer luego en la quietanza hasta al punto de no ansiar nada más y estar satisfecho de lo que ocurre en los alrededores de uno mismo.

De acuerdo con Séneca, la felicidad surge exclusivamente en aquel que no desea bienes y aseguró que el que no desea bienes es el único ser que puede llamarse libre. Con este pensamiento,

Séneca sentenció al humano eternamente a la esclavitud y a la servidumbre de sus deseos. Nadie es libre, porque fue dado en nuestra naturaleza el deseo y la necesidad. Ciertamente, existe la seria imposibilidad de que exista algún animal sobre este planeta que tenga la capacidad de ser indiferente ante la fortuna y que pueda llenar las valijas de sus necesidades con las únicas complacencias propias. En mi opinión, ese animal no se encuentra en la fauna. Pienso que mientras haya movimiento siempre existirá la infelicidad. De hecho, el famoso Kant era de opinión de que se levanta una contradicción cuando pretendemos hablar del hombre absolutamente libre cuando éste es un ente sometido a unas inevitables urgencias naturales. Y me pregunto, ¿cuán libre y feliz puede ser un hombre en constante búsqueda? Lo lamentable es que continuamos empeñados en alcanzar la plenitud cuando ello es imposible. Porque, ciertamente, existe en nosotros la incapacidad para poner de acuerdo nuestras partes animal y racional.

La plenitud, tanto como la perfección, son virtudes que no se dan en la experiencia. Por ello, el 'summun bonum' no es posible alcanzarlo aquí sino en el Cielo. Quizás, lo más propio sería reconocer nuestra imposibilidad de ser completamente virtuosos y distribuir equitativamente la abundancia de la experiencia. Posiblemente, desde este norte, es que algunos lleguemos a compartir en algún momento la expresión de Fausto sobre la belleza del tiempo. Pero mientras a Fausto se lo iba a llevar el Lucifer, aquellos que hoy día pueden hacer esa expresión lo hacen porque disfrutan de la felicidad terrenal desde grandes corporaciones. De ahí, es que siempre digo que vivimos en el infierno. Son aquellos, los que han podido crear las fuerzas y la instrumentación para acaparar la mayor parte de los pedazos de la felicidad que hay disponibles en el planeta, los que pueden decir que viven en el cielo. Y somos muchos más los que quemamos nuestra existencia en el Infierno que los que miran al cielo dando gracias.

Podríamos ver mirando al cielo a las 356 personas más ricas del mundo que disfrutan una riqueza que excede lo que gana el 40% del resto de la humanidad. Y, para tragarnos más la amargura, veríamos cómo tres ciudadanos estadounidenses -

Bill Gates, Paul Allen y Warren Buffett-entregan sus miradas al infinito en agradecimiento porque poseen juntos una fortuna superior al Producto Bruto Nacional de 42 naciones pobres, en las cuales viven 600 millones de habitantes. Y lo lastimoso del asunto es que en lugar de que sean más lo que con el tiempo puedan mirar al cielo, pensando que en un momento la distribución de la riqueza global sea más equitativa, la tendencia va hacia lo peor. Se estima que en un futuro aumente el número, hoy estimado en unos 2.000 millones las mujeres, niños, ancianos y socialmente excluidos, que se encuentran en la parte más baja de la pirámide económica de la sociedad global. Estos viven en completa pobreza y miseria y el peligro que corre la humanidad es que la injusticia continúe creciendo aceleradamente. Como si fuera poco, las cifras más recientes que he consultado establecen que la diferencia en ingresos entre la quinta parte de la población que vive en los países más ricos y la quinta parte de aquellos que viven en los países más pobres se ha ido acrecentando. La diferencia va desde entre 30 a 1 en el 1960 hasta 74 a 1 en el 1997. Todo esto duele en la sensibilidad humana.

Así es que, mientras se cuentan por miles de millones los que estamos destinados al Infierno, por otro lado se cuentan con pocas camándulas los que hoy día alcanzan el cielo.

El camino más corto a la felicidad

Para el filósofo francés Jean Baudrillard (1983), allí donde el mundo real se cambia en ilusiones e imágenes, las ilusiones e imágenes se convierten en los seres reales y en las motivaciones eficientes para un comportamiento de éxtasis colectivo. Es, desde aquí entonces que partimos para nuestro próximo análisis.

Relativamente tarde en mi vida me di cuenta que debía preguntarme, con cada acción que emprendía, ¿a quién beneficiaba mi manera de pensar y mi manera de conducirme? Tenía que hacerlo así para evitar seguir atormentándome por la especie de trance hipnótico constante en que me sorprendí en un momento y que me guiaba de una manera recta, irracional y determinada hacia un objetivo particular el cual, inquietantemente, me parecía que había sido prescrito por alguien. En aquel momento, me reconocí desde la perspectiva de que a mi vida le importaba los objetos materiales, el dinero, el consumo y acumulación de bienes, más que los asuntos elevados y trascendentales como la filosofía y las artes. Me importaban las cosas que, como diría Baudrillard, estaban a la venta en las vitrinas, en las revistas de colores y finas fotografías, en los comercios, mediante la televisión y, en todo lugar que pasaba frente a mis ojos. Virtualmente, todas mis acciones tomaban el camino más corto hacia el metro-mercado. Y lo interesante era que al igual que a este ser, todos los demás correligionarios – no solo en la cofradía sino en las comarcas cardinales allende – parecían conducirse en la misma dirección. Aunque con algunas diferencias culturales, tanto por aquí como por allá, arriba y abajo, en el norte, sur, este y oeste del planeta, todos parecíamos conducirnos de la misma manera hipnótica hacia las megatiendas, los 'malls', la Internet, la televisión y el cine y hacia todo aquel espacio o entorno que representara materialidad y entretenimiento. Y en adición, percibía que de todos esos rituales, nosotros los humanos derivábamos satisfacción y contentura. Y es que el espectáculo de colores, melodías, sueños y deseos que se me presentaba de frente me llevaba más a sentir que a reflexionar; me llevaba más a ver que a analizar y me empujaba más a la acción improvisada que a la mesura.

Lo normal era que todos los seres vivientes, viéramos y pensásemos al mundo bajo los mismos términos. De la única manera como puedo entender la irracionalidad de este tipo de conducta es a base de reconocer el poder que ejercen los medios de comunicación comercial en nuestra subjetividad y conducta. Imagínense que a la edad de 61 años que tengo hoy día, he dedicado unas 63,000 horas de mi vida frente a la televisión. Ese es el tiempo promedio que una persona 'normal y ordinaria' se expone a los mensajes de publicidad y consumo que salen de la llamada pantalla chica en seis décadas de vida.

La vida social, como la sentía y la veía frente a mí gracias al espectáculo de consumo que se me presentaba, con todos sus colores, fantasías y magia, era tan lógica y predecible que en cierto momento me pareció absurda. Pensar que todos nosotros, con tanta capacidad de ser tan distintos unos y otros y crear tantas controversias y conflictos bélicos, nos conducíamos, en este caso, como guiados por un libreto escrito único. Ello me quebró los esquemas. Ello comenzó a trastornarme. La idea que me impuse fue, a raíz de ello, reflexionar sobre los intereses escondidos que se han estructurado como un espectáculo en ese mundo político, social y económico; un espectáculo ha sido erigido como la realidad normal y que en el final ha venido a sustituir al mundo real y aparece a nuestra conciencia como imposible de modificar porque pensarlo distinto parecería absurdo y porque el pensarlo distinto rompería con el sentido común. En mi reflexión, he resuelto ponerme gafas de sol en mis ojos para evitar me confundan las irradiaciones de luz y colores que emanan del mundo espectacular que se nos ha fabricado y poder ver así a los productores y a los libretistas que estás detrás. Viendo más allá de la pantalla, de lo que está detrás en la tramoya, espero comenzar a caminar el camino de la recuperación al reconocer las elucubraciones que hay en el fondo. Ello, no obstante, necesita que desarrollemos un don particular.

Y aquí yo

Y aquí yo en el presente y desde ahí parte mi historia, la que puede ser la historia de millones de individuos. Pienso que si a esta altura de mi vida resulta pertinente interrogarme a mí mismo sobre estos temas que parecen tan profundos, algo debe estar ocurriendo en algún lugar de mi complejidad emocional, lo cual no he podido resolver. En ocasiones, me sospecho que soy y sigo siendo el mismo hombre muy serio y aburrido que siempre he sido; aquel que siempre está buscando la razón de ser de las cosas, los principios y fundamentos esenciales de los asuntos, los que tanto ha buscado la filosofía desde los griegos y que todavía luchamos por encontrar. No sé cuantos millones de células nerviosas he consumido en pensar estos asuntos pero me convenzo ahora que cuando lo hago, pues, es el comienzo de perder el día. En ocasiones la insatisfecha satisfacción que reside en el Lobo Estepario también invade el ánimo totalmente. Las preguntas retóricas de todo ser reflexivo – depresivo - aparecen y siempre están presentes: ¿Cuál es la misión mía en la vida? ¿Es, ciertamente, la búsqueda de la felicidad?

En la inmensa mayoría de las ocasiones, las preguntas se hacen, pero las respuestas carecen de sentido. Hoy día, estas preguntas ni tan siquiera conducen al asombro filosófico, ni parecen tener pertinencia cuando tomamos en cuenta que todo lo que hacemos desde el inicio de la mañana parece dirigirse a algo distinto que a la búsqueda de la felicidad. Parece que todo va dirigido a la autoinfelicidad porque el sentido de tragedia e incapacidad y odio me impiden poner todas mis partes – de lobo y hombre, como diría Hess – a funcionar armoniosamente. Hess decía:

"Por ejemplo, cuando Harry en su calidad de hombre tenía un bello pensamiento, o experimentaba una sensación noble y delicada, o ejecutaba una de las llamadas buenas acciones, entonces el lobo que llevaba dentro enseñaba los dientes, se reía y le mostraba con sangriento sarcasmo cuán ridícula le resultaba toda esa distinguida farsa a un lobo de la estepa, a un lobo que en su

corazón tenía perfecta conciencia de lo que le sentaba bien, que era trotar solitario por las estepas, beber a ratos sangre o cazar una loba, y desde el punto de vista del lobo toda acción humana debía resultar horriblemente cómica y absurda, estúpida y vana. (...) Pero cuando actuaba como lobo, la parte de hombre que llevaba le llamaba animal y bestia, y le echaba a perder y le corrompía toda la satisfacción en su esencia de lobo, simple y salvaje. Así estaban las cosas con el lobo estepario, y es fácil imaginar que Harry no llevaba precisamente una vida agradable y venturosa".

Aquellos que han tenido la oportunidad de ver la película 'The Matrix', podrán visualizar más o menos mejor lo que atraviesa por mi mente. En esta película se tratan dos niveles de la realidad. Uno de los niveles es la realidad presente al ojo del espectador común y el otro, como su sustrato, es la realidad originaria, pero la misma es absolutamente distinta a la realidad simulada que se aparece como original al ojo humano. La segunda realidad es en todo sentido una matriz de megabytes creada a base de computarización, que dirige toda una complicada y compleja operación que se mantiene escondida a los ojos del espectador común. Esta realidad de megabytes es en realidad la realidad original. La que se expone a los ojos no es otra cosa que una realidad virtual construida por los poderes dominantes. La película "The Matrix" transcurre entre aquellos que protegen la realidad de los megabytes y que manejan el planeta y aquellos que han descubierto la verdad escondida y pretenden liberar a la raza humana del control. La gente no puede distinguir, como tal, que viven vidas pretendidas con apariencia de vidas normales. La apariencia se ha convertido en la realidad misma. La libertad se expresa tan normal y posible como la que se nos expresa a nosotros, cuando en realidad la libertad no existe - y mucho menos posible -- porque todo es producto de la programación.

Ciertamente, esa situación me ha permitido ver con cinismo e ironía, a los que con el fanatismo de la buena fe insisten en hablar de libertad a esta altura histórica. Tenemos que preguntarnos de ¿cuánta libertad podemos reclamar en nuestras vidas si el tablero está prefijado, los escaques pintados, y las reglas predeterminadas en la programación? ¿Podemos, a la vez, hablar de democracia? ¿Cuán seguros podemos estar de que vivimos en una democracia cuando no participamos de las decisiones trascendentales que nos afectan? En este nuevo mundo de globalización, tenemos que preguntarnos ¿hasta dónde se extiende nuestra participación? Ciertamente, no participamos de las decisiones cruciales. El 'matrix' lo tiene todo contenido.

Por ello sostengo que no hay razón ni causa para pensar. Vivimos en una sociedad globalizada ya hecha y fija que funciona con la precisión de un reloj suizo, con una melodía arreglada por los grandes compositores del poder social; una sociedad que consumimos con fruición y satisfacción como galletita de avena sin que se nos ocurra morder la mano del arreglista y entrenados tan exitosamente para ni tan siquiera emitir los aullidos guturales de mis queridos perros. Veámoslo desde otro punto de vista.

Hoy día hemos perdido lo que podíamos llamar lo esencial propio. No poseemos ni tan siquiera una identidad propia y mucho menos una identidad nacional. La primera ha sido construida y entregada por las intenciones de los poderosos y la segunda nos fue saqueada por la globalización. Las libertades de decidir y de preferir se han entregado, como también se ha entregado nuestra voluntad de preferir. Nada estimulante, se encierra en este pensamiento. Entonces ¿Qué nos queda por delante? ¿Hacer nada? ¿Seguir rutas? ¿La reducción del juicio hasta llegar a la nada? ¿La epojé? ¿El nihilismo? ¿El suicidio?

Pensándolo bien, esa es la realidad de todos nosotros, los hombres y mujeres normales. Me doy cuenta ahora de que mis depresiones estacionales son producto, a su vez, de mi frustración por tener que tragarme las contrariedades de haber sido nacido socialmente en un mundo ancestralmente inventado y en el cual el 'sentido común' y la 'normalidad' ha sido impregnada como la piel a la carne, unidos por la propia naturaleza desde su origen, pero distinto a ello son el producto de la inventiva de extraordinarios directores de conciertos que han asignado convencionalmente los roles y las partituras a cada uno de los concertistas.

Presiento que las cosas serán así. Y para cualquier ser ordinario – como lo soy yo -- seguirán siéndolo. Depositado a la vida de la dependencia. Siguiendo la pauta de los compositores y la música de los arreglistas. Sin nada que inventar, sin nada que construir, sin nada que pensar. Permitiendo que las cosas sigan siendo siempre así y no como uno quisiera que sean. Continuando con la vida del sin pensar e impulsado y quizás impelido a la vida del actuar. Esto es, existo y no tengo que pensar. ¿Qué diría el famoso Descartes a toda esta patraña? ¿Cómo se sentiría el hombre de las Meditaciones en un mundo en el que no es posible darse la libertad más sublime como la de pensar? Erasmo, el famoso panegirista, tendría que sentirse feliz en estos tiempos.

Los códigos y mi tejido subjetivo

Cuando abrí los ojos por primera vez, los hábitos y las costumbres estaban establecidos, los mandatarios habían sido seleccionados en cada una de las esferas y ostentaban el poder diligentemente y las amenazantes repercusiones penales para los insubordinados ya habían sido prescritas. Ni la libertad más sencilla, la de descubrir lo que nos trae cada día nuevo, estaba al alcance de la vida en libertad. Era un lugar donde el espacio exterior estaba organizado racionalmente, los códigos fijados, lo sacramental y simbólico dicho y las otras piezas, permanentemente bien colocadas.

En el proceso de escribir este libro me vino a la mente la imagen de una figura mitológica conocida como Tiamat que me ayudó a visualizar lo que pensaba. Según el 'Enuma Elish', Tiamat era un ser monstruoso y gigantesco que dominada el universo en el momento de la creación y que junto a otras deidades menores, formaron todo lo que hoy existe partiendo desde el caos. Tiamat imponía su aguerrida fisonomía para controlarlo todo. Era un ser majestuoso e invencible, superpoderoso, a quien nada podía contener y al que todos seguían porque no era posible combatirlo.

Al presente, podemos hablar de otro monstruoso Tiamat. El nuevo "Tiamat" apareció en el periodo de la Ilustración y ha ido creciendo más que el original hasta que ya parece imposible que se mantenga escondido. Se trata de ese mensaje ideológico que ha penetrado desde esa fecha cada cabeza humana, que la ha conquistado, y que ha hecho de la racionalidad un espectáculo de símbolos, imágenes, colores, fantasía y magia. Es todo ese aparato de estructura, normas y reglas – que algunos autores como Lyotard han definido como El Gran Discurso, una especie de meta relatos – que no solo impone la partitura sino que es inflexible, opresivo y muy duro de penetrar, donde todo lo problemático ya tiene diseñada la solución y donde todo es regulado. Ello, obviamente, le niega libertad al humano y afecta la calidad de vida porque controla, ordena, dirige, persigue, moldea, adiestra, monitorea, te vigila y te chantajea. Es un monstruo que el hombre ha creado, posiblemente, sin proponérselo racionalmente.

Cuando hablo de hábitos hablo de cultura. Los hábitos se refieren a esas maneras subjetivas que tenemos y que reflejan una preferencia sobre ciertos asuntos de clase social, conocimiento y conducta. Estos hábitos, como dice el famoso Basil Bernstein, representan unos códigos permanentes inscritos en algún lugar de nuestra complejidad y que se activan automáticamente ante ciertos y específicos estímulos. Esto es, si nos habitúan a escuchar un sonido determinado y nos presentan al mismo tiempo un plato de alimento, terminaremos salivando cada vez que escuchemos el sonido, aunque el plato no esté presente. Pues, a esta altura, tengo que decir que nos han trabajado para que salivemos mediante numerosos estímulos cotidianos que son controlados por los grupos que luchan por prevalecer. Vivimos de salto en salto, recibiendo estímulos tras estímulos y reaccionado automáticamente a estos estímulos: salivamos... nos agriamos... nos complacemos... deseamos... amamos... odiamos.... compramos... consumimos...no porque lo decidamos sino porque respondemos habitualmente a estímulos lanzados desde el espacio social.

Por su parte, la escuela fortaleció el vínculo entre la conducta y la disciplina y me sincronizó con la vida del trabajo y la iglesia creó en mí las subjetividades con las consabidas recriminaciones sacramentales que me impedían ir contra los creadores del mundo alrededor mío y mucho menos con el Creador de todas las cosas. Me fue enseñado que había que seguir la obediencia ciega por la normalidad, la rutina y la cotidianidad y, cuando me inquietaba o disgustaba algún asunto, me entrenaron para que me encogiera de hombros y resignado exclamara "pues... es que así son las cosas".

De la escuela tradicional a la que asistí no podía esperar que naciera un aguerrido crítico de la normalidad y del sentido común. La escuela no estaba ni está para eso. La escuela ha sido descubierta como un medio para la reproducción del ambiente social, el adoctrinamiento y la pacificación y para el adiestramiento y la colocación de la carne humana en el esqueleto estructural de mi sociedad capitalista. A la iglesia le interesaba más que me hundiera en las injusticias porque siendo víctima de las injusticias me ganaba el cielo. Lo único que no me gustaba del llamado era que para ganarme el cielo tenía que esperar hasta que me muriera y el negocio ese era muy flojo.

Capítulo 1

El período de la identidad o el enamoramiento de la imagen.

Según el psicoanalista francés Jacques Lacan (2006), los niños atraviesan por una etapa de desarrollo a los 18 meses de edad, aproximadamente, que establece aspectos fundamentales de su noción de individualidad. Desde ese momento, los niños comienzan a reconocer lo que le es propio y lo que es distinto a ellos pues, desde ese momento, los niños viendo su reflejo en el espejo, viéndose siendo los mismos en la imagen del espejo, comienzan a su vez a verse separados de su propia imagen y del resto de los seres humanos, sobre todo, de sus madres. Debido a eso, a esa tierna edad, los niños inician una batalla permanente que impactará sus vidas desde diversas esferas. Lacan (2006) dice que en la etapa del espejo, los infantes comienzan a establecer sus egos, a tomar conciencia de sí mismos, al verse mirados a sí mismos. En ese proceso de reflexividad, originada por su enfrentamiento con su espectro, los nuevos humanos comienzan a ser seres individuales, comienzan a tomar conciencia de su individuación y de la incompletitud de su existencia. Lacan (2006) sostiene que los niños se inician en el mundo de lo incompleto cuando comienzan a desear a la madre, fuente que llenaba sus necesidades cuando tenían hambre, les tranquilizaba cuando estaban nerviosos, y que de pronto han perdido. Ahora, el apetito por llenarse los conduce a ser seres con deseos y los conduce a hablar, porque el deseo se articula mediante el uso del lenguaje. También los conduce a soñar y a imaginar. La añoranza surge porque la madre ya no está unida a la naturaleza de él. Lo que más necesitaban los niños se ha alejado, se ha separado al reconocer éstos su propia individualidad.

Al niño en esa etapa le es precario satisfacer unas demandas. De acuerdo con Lacan (2006), el niño se conduce por la necesidad: necesita que lo alimenten, necesita seguridad, necesita que lo acaricien, lo cambien, etc. Estas necesidades eran satisfechas por la madre, sobre quien en esa etapa, el niño todavía no la concebía como una 'persona completa' sino una fuente de respuesta a toda necesidad, que le saciaba su hambre cuando le daba el pecho, lo consolaba en sus brazos al estar temeroso y lo confortaba cuando tenía dolor. El niño, en ese estado de necesidad, no hacía distinción entre sus necesidades y los objetos que las satisfacían; no reconocía que un objeto (como un seno) era parte de otra persona completa. Según Lacan (2006), para el niño no había distinción entre ello y cualquier otra cosa; tan sólo necesidades y cosas que satisfacían esas necesidades. Por ello, la separación con su madre conllevó entonces un tipo de pérdida.

Como vemos, para el niño tierno, la vida no comienza fácil. A la temprana edad de 18 meses, el niño ha sufrido dos rompimientos esenciales. Primero, experimentó el rompimiento físico de su madre en el parimiento. En ese momento quedó el niño depositado ahí, en el mundo, sin cordón alguno que lo atara físicamente a su naturaleza maternal, la que lo manufacturó. Y ya a los 18 meses de edad, se dio un segundo rompimiento de violencia con su madre, esta vez de tipo emocional, y de la separación con la consustancialidad universal, al reconocer su separación con los otros objetos y personas. Desde ahí, el ego individual del niño transcurrirá independiente por el mundo en búsqueda de unas respuestas que se le han planteado recién a su reconocimiento personal, como si estuviera buscando un asimiento.

Personalmente, me suena extraño que la conciencia, o la concepción ontológica de la identidad, parta desde una confrontación dialéctica con una imagen reflejada en el espejo.

Aún cuando lo vemos como algo extraño, reconocemos, por otra parte, que la experiencia que sufre el joven ser podemos utilizarla para explicar muchas actitudes que presentan los individuos al alcanzar la vida de adulto. Lacan dice que la imagen es el centro y el corazón de toda la experiencia, Y es que, como dijimos anteriormente, la experiencia confrontacional-reflexiva del niño con su espectro repercutirá en él durante toda su vida. Desde el momento de ver su imagen frente a sí, de ahí en adelante, vida e imagen de esa fresca conciencia transcurrirán juntas y amalgamadas hasta el final del tiempo.

Lacan atribuye una función informativa a la imagen. Esta función ocurre en la intuición, en la memoria y en el desarrollo del sujeto.

Las imágenes o representaciones de lo ajeno se convertirán, en lo sucesivo, en un paradigma de identidad para el niño, el joven, el adulto y el envejecido. Todos continuarán sustanciando su realidad propia desde la perspectiva dialéctica entre su ser y la imagen. Las representaciones de las imágenes se convertirán en el anclaje que mantendrán jóvenes y adultos para asirse a su cotidianidad. Lo preocupante es que lo harán desde una perspectiva de constante controversia porque irán desde lo ajeno –la representación o imagen– a lo individual. De ahí partimos para decir que, es natural del hombre, ser controvertido entre lo que es y lo que no es. Se explica lo anterior mediante las expresiones de Lacan que sostiene que la imagen del otro es la que forma el yo, y en tanto que esta imagen del otro es un ideal, habrá siempre para el niño una cierta diferencia o inegalidad de su yo en relación con este ideal que nunca podrá alcanzar.

Y esto es así porque los individuos nunca serán consustanciales con la imagen aún cuando estén representados como tal en el espejo.

Desde aquí, el niño no podrá separarse de su imagen y mucho menos podrá percibirse sin ella, como no podrá nunca separarse de su sombra. Es en este punto cuando, desde niños, comenzamos a fantasear con controlar la imagen, porque nos vemos representados en ella, proyectando una realidad en relación con la otra realidad que es exterior y que es fabricable. Eso nos expone peligrosamente, como lo veremos más adelante.

Por otro lado, el simbiotismo de imagen y realidad se empata tan fortalecido que hasta llega a romper con lo lógico, lo temporal y lo espacial. La imagen vendrá en un momento a sustituir la realidad esencial en la conciencia del individuo porque será lo ajeno lo que tome la posesión de lo propio. Nacerá aquí una especie de alienación perpetua que hasta podría aportar cierto placer visual y narcisista y de disfrute de la imagen que nos hemos provisto. Lo lúdico y el placer habrán nacido en el proceso. Dice Lacan que la locura, en el sentido de que "el hombre se cree hombre" y vive siempre con esta ilusión, mientras que es la imagen del otro la que le da su cuerpo y que podríamos decir, lo hace hombre, pero esencialmente alienado.

Los humanos, como seres enajenados, tenemos la capacidad potencial de controlar el mundo en el que habitamos y construimos a nuestro antojo un espacio de placer, imágenes y fantasías. Y, en este preciso momento, comenzamos a desear las cosas del mundo.

Lo lúdico y el placer

Es en la niñez cuando también comenzamos a sentir el placer y a experimentar el disfrute sensorial de la vida. Dicen los expertos que tenemos muy marcado en esa etapa de nuestras vidas una tendencia hacia la satisfacción de nuestros deseos y a la elaboración de sueños azules y de fantasías. Y yo lo creo así. La persecución del placer, principalmente, es un instinto con el que nacemos y que al madurar convertimos en uno de los derechos que más defendemos.

Muchos reinos han caído en la búsqueda de éste.

Podemos definir lo lúdico como el resultado de las prácticas de entretenimiento y diversión que se producen entre lo que es racional y lo irracional de los sueños, el placer y las fantasías, todo fundido en la vivencia de la vida diaria. Para mejor decir, se trata del ritual o el juego del vivir diario que comienza a producirse en la primera etapa de la niñez. Se trata de la pre-producción de las maneras que vamos a utilizar por el resto de nuestras vidas, y más allá de maneras, la introvisión con que vamos a estar mirando los hechos sociales, y la conciencia con la que vamos a estar enjuiciándolos. Y es en esa función donde las prácticas subjetivas del obrar diario, se establecen en el tejido creciente del niño. Pero, hay que tener sumo cuidado con lo que pueda producirse desde aquí si es que fuerzas extrañas entran y asumen control del proceso. Personalmente, no creo que muchos hayan podido escapar de la trampa, porque de eso es que se trata, de una trampa. Es desde ese momento, desde el comienzo del juego, donde nos atrapa el segundo día del resto de nuestras vidas. Lo que vengo a decir es que el juego infantil fue convertido poco a poco en una caja de acondicionamiento, tipo Skinner, por el efecto de los intereses sociales de los adultos. Y es que el hombre ha sido trabajado desde niño para jugar el juego de la cotidianidad que le tienen planificado. A eso le llamamos socialización. El juego, dicen los psicólogos, sirve de espacio constitutivo de la adultez social. La característica de amar el juego en el niño persiste a lo largo de su vida y todo lo que hace después, lo ejecuta como jugando. Y la ignorancia de todo este proceso puede resultar gravosa. Esto se hace evidente si tomamos una muestra de opinión entre los niños y adolescentes sobre sus expectativas para la vida, sobre lo que deben esperar indistintamente la realidad económica en la que viven. Me adelanto a decir que las esperanzas optimistas y los sueños azules entre niños y adolescentes es prevalente; que nacen a la vida social envueltos en un estupor de ingenuidad. Los sueños que tienen, puede decirse, que no tienen límites y no guardan responsabilidad con lo racional. Esto se ve todos los días y adquiere mayor gravedad con el paso del tiempo. A pesar de los tropiezos y limitaciones, indistintamente si viven con bajos, altos o recursos económicos moderados, todos ven la vida con un optimismo enajenado. Son hijos de las imágenes, los deseos y los sueños. Todos se ven soñando con lujosos autos, y poseyendo mansiones en la playa. Y es que los sueños, cuando se dan, se dan en grande y sin respetar tiempos, límites racionales ni probabilísticos.

He dicho que el principio de la vida se construye desde la precondición natural para el aprendizaje a través del juego y el retozo con los que nacemos. El juego comienza con el retozo natural de la niñez que se exhibe en todas las especies que he visto. Sin embargo, este espacio no es neutral desde que se ha falsificado. Este espacio es, sobre todo, el espacio temporal donde las fuerzas de los poderes dominantes someten a consideración de los niños sus influencias avasalladoras y lo utilizan como un mecanismo de cultivación de las generaciones que recién nacen en el terreno de lo social.

Si observamos detenidamente, nos daremos cuenta de que las rutinas diarias – los juegos de nuestra especie -- son sustancialmente similares en gran parte del planeta. Pero ello, no fue así siempre. Hoy día, las normas y las reglas se han universalizado como una gran narrativa al punto de que pudiéramos decir que vivimos en una gran 'aldea global'. Muchos, al igual que este servidor, lo atribuimos al proceso de homogenización que ha partido y culminado con la globalización industrial. Si pasamos revista podríamos identificar un punto en el calendario en el que se sentaron las primeras piezas de esta aldea. Este punto se dio luego de concluir la Segunda Guerra Mundial en el 1945, cuando fue imponiéndose un modelo de vida social típico de los países altamente industrializados semejante al 'american way of life'. El modelo fue expandiéndose hasta el presente quedando configurado en todo el planeta. Una que otra práctica distinta procedente de costumbres ancestrales se resisten aún a desaparecer en algunas culturas fuertes, algunos sabores variados en uno que otro lugar pueden reconocerse, pero fundamentalmente la vida transcurre similar en todo el planeta como si procediera de un mismo origen o desde una misma caja de entrega. Algunos pudieran pensar que esto es producto de una evolución social natural, pero no es así. Todo fue bien planificado.

La época de los juguetes y el comienzo del trabajo.

Muchas de las experiencias personales que voy a relatar, las puedo compartir con las de muchos hermanos norteamericanos y latinoamericanos y quién sabe si de una mayoría en el mundo civilizado. Todos hemos sido influenciados por virtualmente los mismos factores económicos que son los fundamentos de mi análisis y razón de este libro, por lo que relataré a continuación le hará mucho sentido a los miles de seres humanos que se conocen como hijos del 'baby boom', indistintamente del lugar donde geográficamente pasaron su niñez y su juventud. Para explicar mejor mis argumentos haré un esfuerzo por transportarme en el tiempo y recordar muchos de los juegos de la época de mi niñez. Como he dicho, los juegos de infancia son un fenómeno social universal que se dan tanto en lugares desarrollados como de alta pobreza, al norte del planeta, tanto como en el cono sur, en las ciudades como en las comunidades y las forestas.

Primero que nada, quiero señalar que el investigador Karl Groos (2010) formuló una clasificación basada en el contenido de los juegos. La primera categoría la llamó "juegos de experimentación", en la que se agrupan los juegos sensoriales, motores, intelectuales y afectivos. La segunda categoría llamada "juegos de funciones especiales" involucra los juegos de lucha, de caza, de persecución, sociales, familiares y de imitación. En mi caso particular, recuerdo todavía algunos de esos juegos a los que dedicaba toda mi existencia. Los que mejor recuerdo llevaban por nombre: rescate, el escondite, la puca, la cebollita; obviamente, el béisbol – que llamábamos juego de pelota – entre muchos otros. En estos juegos, donde en muchos predominaba la fuerza del músculo, desarrollábamos las destrezas físicas que iban a ser útiles en la adultez. Desarrollábamos, además, la astucia necesaria para derrotar al 'enemigo' y ponerlos bajo nuestro dominio. Por ejemplo, en el rescate perseguíamos a nuestros compañeros adversarios que buscaban evadirnos para evitar que le diéramos tres palmadas en la espalda y los sacáramos del juego. En el juego del escondite, buscábamos escondernos hábilmente del perseguidor para evitar ser descubiertos. El primero en ser descubierto sufría la penalidad de convertirse en el próximo perseguidor. En el juego de la 'puca' desarrollábamos las destrezas motoras más finas. Se trataba de colocar en un hoyo hecho en el suelo, diez centavos que lanzábamos desde una distancia prudente. El objetivo del juego permitía descontar los centavos que se introducían en el hoyo con cada tirada. Si en el primer tiro metíamos tres centavos, la siguiente meta era meter siete en el próximo tiro, pero siempre lanzando el total de los diez centavos. Si en lugar de los siete metíamos ocho, quedábamos fuera del juego automáticamente. Si metíamos menos, por ejemplo, tres más, seguíamos realizando intentos hasta que alguno de los competidores llegara a la meta de los diez centavos. Este se quedaba con los diez centavos para sí. En la cebollita desarrollábamos la fuerza bruta. Hacíamos una fila india entre todos los jugadores tomándonos fuertemente por la cintura. El primer jugador se agarraba de un objeto fijo. Al último le correspondía halar y halar la fila hasta que partiera en cuyo caso el compañero que debilitó la fila salía del juego. El juego proseguía hasta que quedara solo un jugador en fila, el que entonces ganaba. Sobre el juego de la pelota no hay que explicar mucho porque todos lo conocemos, pero es un juego que desarrolla diversas habilidades tanto físicas como mentales.

La mayoría de los juguetes de aquella época nos los proveíamos nosotros, los niños. Casi no había dinero para juguetes pero por ausencia de imaginación y creatividad no pecábamos. Fabricábamos horquetas para 'tiradoras' – le llamábamos 'hondas' -- con la madera del guayabo y los 'gallitos' con la semilla del tamarindo o de la algarroba. Del arbusto del 'caíllo' (nunca me interesé en conocer su nombre científico) sacábamos unas espigas largas de madera que, bien peladas y con el uso de un poco de imaginación, se transformaban en corceles briosos. Poníamos la espiga en nuestras entrepiernas y amarrábamos el extremo superior con un hilo fuerte que se convertía en las bridas. De ese arbusto del caíllo cortábamos otras espigas de madera más cortas que convertíamos en espadas, lo que era suficiente – corceles y espadas en mano – para iniciar una cruenta batalla, en la que nadie quería morir.

Igualmente, de las palmas del coco, principalmente, sacábamos unas espigas para hacer chiringas (en otros lugares le llaman volantines). También las hacíamos con las espigas de la guajana, que es el soporte para la flor de la caña de azúcar. Con estas espigas hacíamos el esqueleto del volantín, que posteriormente cubríamos con papel de colores. La pega o engrudo lo hacíamos con harina de trigo mezclada con agua. Había amigos que realmente eran artistas en eso de hacer las chiringas. Las había pequeñas y grandes, hasta de proporciones gigantescas. Había modelos diversos, unos que parecían aviones y otros que asemejaban estrellas.

Un fenómeno muy particular era que de todo deshecho de productos que culminaron su vida útil, de envolturas, contenedores, latas, cajas, etc. que encontrábamos tirados solíamos elaborar un juguete o diseñar un juego. Por ejemplo, jugábamos con las llantas desechadas de los automóviles, con las chapitas de las botellas de soda o de cerveza India o Corona (que eran las preferidas de los adultos para aquella época), con los palillos de fósforo y con las latas de salsa de tomate Del Monte o Libby's. Recuerdo la 'machina' (Merry Go Round) entre los juguetes que fabricábamos con la materia prima que desechaban los adultos. Esta la hacíamos con un bolillo de hilo de coser, una latas vacías de salsa de tomate Del Monte o Libby's, que se convertían en ruedas y unos alambres de metal que conectaban las latas con el bolillo. Se movía la machina de la misma manera como se movía la machina en las fiestas patronales.

Pagábamos la apuesta con 'dinero'... dinero que teníamos que buscar en las carreteras y en las calles. El 'dinero' no era otra cosa que las cajetillas de cigarrillos que los adultos desechaban luego de haber consumido el producto. En aquella época, las cajetillas de cigarrillos no estaban hechas en cartón sino en papel. Ello, nos permitía desensamblarlas fácilmente, esto es, despegarlas, estirarlas y alisarlas como si fueran un dólar 'de a verdad'. Recuerdo que la marca preferida de los adultos fumadores en aquella época de la década del '50 era la 'Chesterfield' a juzgar por el número de cajetillas vacías que encontrábamos tiradas. Por ser tan comunes, las cajetillas tenían el valor base para nosotros de un dólar. Después le seguían en valor las cajetillas de las marcas más escasas, porque no se encontraban tiradas fácilmente, y cuyo valor aumentaba en la medida en que fueran más difíciles de encontrar. En esa línea teníamos: la Lucky Strike, que creo que valían como 50 Chesterfield; Pall Mall, que valían 5 Chesterfield; Winston y Marlboro cuyo valor fluctuaba entre 10 y 20. Ese 'dinero' tenía tanto valor como el dinero con el que negociaban los adultos y nos conducían a conflictos, retos y confrontaciones personales como el dinero confronta a los adultos. Según mi mejor recuerdo, ese puede haber sido mi primer contacto con el comercio y el consumo.

También recuerdo las promociones que en ocasiones hacía la Leche Pet dentro de su programa televisivo del Cisco Kid. Periódicamente, los auspiciadores ofrecían 'zumbadores' (una especie de cinta larga de papel crepé que terminaba en una de sus esquinas con un hilo que sostenía un aparato de metal con dos 'rubber band', el cual con el efecto del viento en movimiento despedía un sonido que zumbaba al oído) y caretas de cartón con la imagen de estos personajes por una cantidad determinada de etiquetas de leche Pet.

Quiero señalar que este tipo de intervención comercial en la vida de la niñez de los años de 1950 representó el inicio de la expropiación del periodo del juego de la niñez por parte de los adultos. Los adultos, principalmente los intereses económicos de los adultos, impusieron sus intereses y artificiaron el proceso. El comercio lo ocupó e impuso sus técnicas y productos, no solo para la venta de juguetes sino para la formación del carácter y los deseos de aquellos seres que en término de unos años entrarían a jugar el juego social de los adultos. Puedo asegurar, que experiencias similares tuvieron los hermanos latinos que crecían en los años 40 y 50 en Méjico hasta Argentina, en California hasta Nueva York, en Puerto Rico a Islas Vírgenes, y en hasta los barrios más recónditos del continente donde se congregaron los cientos de miles de inmigrantes hispanos. El fenómeno se ha dado en Europa tanto como en Asia y virtualmente se ha extendido por todo el planeta.

Mi primer maestro y el uso de la tecnología educativa.

Cuando mi tío Perfecto convenció a mi madre para que le permitiera llevarme a su salón de clases a la temprana edad de cuatro años y medio lo hizo porque estaba sorprendido de cómo yo podía recitar -- casi textualmente -- los anuncios comerciales que transmitía la televisión. Obviamente, el nuevo evangelio del consumo había comenzando a rendir frutos en mí cuando para la primera mitad de la década del '50 visité por primera vez el salón donde mi tío impartía clases de español. Provenía yo de una familia humilde integrada por mi abuela y mi madre soltera que pertenecían a la clase media baja, pero que poseían – para aquella época -- un televisor en la casa el cual me había servido de primer maestro.

El televisor que adquirió mi madre era de la marca Philco con una pantalla como de unas 19 pulgadas diagonales. La pantalla, que producía imágenes en blanco y negro solamente, estaba incrustada en un mueble de madera de color ámbar cuyo peso lo hacía muy difícil de mover de un lado a otro. Recuerdo que no podía levantarlo y se hacía muy duro empujarlo por sobre el linóleo de mi casa. Recuerdo, también, muchos de los programas que veíamos a través de la caja aquella. Veíamos a Titi Chagua, con Rosaura Andrew; La Abuelita, con Gilda Galán; el Payaso Pinito, con Manuel de Tejada; el Show de Billy The Kid, con Miguel (Mickey) Miranda; el Colegio de la Alegría, con José Miguel Agrelot y Tommy Muñiz. Estos eran programas para "niños" bastante similares a los que todavía hoy se transmiten a través de los canales comerciales. Obviamente, con muchos menos recursos tecnológicos y económicos, estos programas acaparaban la audiencia de la niñez como la acaparan este tipo de programas hoy día. Los 'muñequitos' (cartoons) que presentaban eran sencillos y mudos pero tenían una música de fondo que le impartía energía a la actividad que se manifestaba en la pantalla. Era la época del inicio en Puerto Rico de 'Mickey Mouse', 'Betty Boop', 'Father Alfalfa', 'Popeye' y "La Pequeña Lulú", entre otros personajes. Muchos de estos personajes que han hecho millonarios a grupos de inversionistas en estos días con la venta de películas y productos vinculados a éste, iniciaron su trayectoria al estrellato sin las vestiduras económicas con que se presentan hoy día. Veíamos, además, otros programas enlatados de aventuras de vaqueros – vaqueros que nunca existieron en mi pueblo -- como lo eran el Cisco Kid, un gringo vestido de chamarra negra que se hacía acompañar de un mejicano charro de nombre Pancho, que auspiciaba la leche Pet, y el Llanero Solitario con su carnal Tonto. Eran programas originados en los Estados Unidos y traducidos al español. La serie del Cisco y del Pancho me apasionaba como ocurría con otros miles de niños.

Los adultos -- y algunos de nosotros los niños desvelados -- disfrutábamos de otro tipo de programas de entretenimiento a base de amenidades y comedia. Recuerdo, entre éstos, al Show Libby's, con Luis Vigoreaux; la Taberna India, con Ramón del Rivero (Diplo); y Tribuna del Arte, con Don Rafael Quiñones Vidal. Estos eran programas de variedades artísticas con cantantes, orquestas como la de César Concepción y bailarinas sensuales vestidas con rabos de aves exóticas y escotes comenzando a pronunciarse. El programa era el medio de mercadeo primario de la Cerveza India, una de las cervezas más importantes de aquella época en Puerto Rico. Las 'India Girls' representaron una de las primeras experiencias en la isla del uso publicitario de la belleza femenina para el mercadeo de productos. Esa práctica se ha extendido hoy día de manera inconmensurable, pero en aquel período estaba integrada al arte y al talento. Hoy en día, la belleza física se exhibe por sí sola y, mi experiencia, es que se consume con voracidad.

Con la Taberna India comenzaron los anuncios comerciales vivientes. Esto es, como parte de la propia comedia que se producía, se integraba el anuncio del producto que se auspiciaba. En este caso, el paso de la comedia discurría en una taberna y el programa se llamaba la Taberna India y las bailarinas las 'India Girls'. De esa manera, los publicistas lograban establecer un lazo entre la alegría, la belleza, la música, los colores y la felicidad, con la marca de su producto.

Aparte de esta programación, había otras imágenes que salían por la pantalla chica. Eran imágenes muy bien confeccionadas, con música pegajosa y –para aquella época -- muy poca producción técnica. Se trataba de los anuncios comerciales. Muchos de los anuncios eran realizados en vivo por los actores y actrices que comenzaban a acaparar la preferencia del público. Otros eran realizados mediante unos 'flip cards' y una voz de locutor de fondo dictando el texto y los menos eran producciones fílmicas con una más o menos producción atractiva. Como ocurre hoy en día, lo corriente es que cada cierto minuto, los programas televisivos daban paso a espacios comerciales.

El proceso del amoldamiento

Los niños que nos reuníamos en la sala de mi residencia estábamos expuestos al mensaje de los bloques de comerciales que se repetían con frecuencia cansante durante toda la larga noche. Los anuncios pasaban por la pantalla... pasaban y pasaban y para nosotros – aparentemente indiferentes al hecho -- eso era algo natural. Sin embargo el impacto en nuestra subconciencia era algo arrollador. De hecho, nunca había tenido conciencia -- sino hasta años después – del impacto de las pautas de anuncios de publicidad, que a la sazón era una industria que comenzaba a levantarse. Ni se me ocurría en aquel tiempo pensar que la publicidad era el medio del capitalismo para que los comerciantes pudieran aumentar sus ventas. Los anuncios estaban allí, en la pantalla, y yo los veía. Mi función como televidente era sencilla: ubicarme pasivamente frente al televisor toda la noche y dejar que las imágenes y los sonidos cincelaran mi subjetividad. Nunca – sino hasta muchos años luego -- pude precisar la verdadera función de aquellos mensajes ideológicos. Muy tarde descubrí la maldad detrás de estos anuncios – de aquellos que querían moldear mi subconciencia y desarrollar en mí un tipo de subjetividad proclive al consumo, hacia las imágenes y hacia ciertos signos y símbolos que rigieran mi comportamiento a través de toda mi vida de adolescente y de adulto. Desde entonces me sentí utilizado porque fui un número más para la nueva moral hedonista orientada al consumo que había comenzado a diseminarse por todos lados junto con aquella pantalla chica.

De acuerdo con los relatos familiares, al cabo de algunos meses de estar parapetado diariamente al frente del televisor pude desarrollar la habilidad de actuar frente a los adultos haciendo y diciendo lo que hacían y decían los actores que aparecían en los anuncios y hasta podía recitar las líneas exactas de los locutores de los textos comerciales. Había aprendido muy fácilmente a caracterizar la figura del consumidor insatisfecho que tanto agrada a los anunciantes; aquellos que asociamos ciertos objetos de consumo con símbolos de satisfacción y plenitud, de éxito, estatus, de un prestigio irracional y hasta morboso, un poder social de ostentación y, sobre todo, que visualiza el consumo como una amplificación de la libertad natural y la expresividad absoluta.

Para mi familia que disfrutaba de mis actuaciones, y para mi tío Perfecto que fue el que descubrió mi arte histriónico, a esa edad temprana yo demostraba un potencial intelectual extraordinario. ¡Era un niño inteligente! Mi orgullosa madre no tardó en hacerse eco de lo que le decía su hermano el maestro y no podía esconder su orgullo cuando les describía a sus amigas las cosas que su hijo podía hacer. De paso, les informaba que yo estaba en la escuela desde la edad de cuatro años y medio. Ciertamente, todavía resulta interesante pensar – desde acá - cómo a este gato se le descubrió la inteligencia porque podía recitar los anuncios comerciales. Mi inteligencia y mis destrezas promiscuas hacia el lenguaje habían dado cátedra a mi tío Perfecto. Me doy cuenta ahora que con la invención de la televisión se había dado el primer paso para la creación de una nueva sociedad de consumo a través de los artículos-signos, como los llama Baudrillard. La nueva ventana que se había abierto – y comenzaba a penetrar en todos y cada uno de los hogares -- dejando atrás el paradigma tradicional del valor de uso o utilidad material o de cambio de los productos y comenzaba a sustituirse por un valor no contemplado hasta ese momento: el valor de representación o de posición (status) para el teniente.

Desde ese período hasta el presente, la pantalla ha sido el espejo de Lacan en que las generaciones han desarrollado su identidad. Es ahí, donde los niños de los años 50 hasta el 2010 en que escribo estas líneas, se han reflejado y desde donde comenzaron a desarrollar la simbología con la cual apreciarían y, más que eso, absorberían la realidad exterior. Mi niñez, como el momento para la construcción de mi identidad, como la estructura con la que habría de enfrentarme al mundo futuro, con la que cuestionaría, actuaría y juzgaría, había sido intervendida, sí, intervendida efectivamente desde tan temprano como desde el espacio del juego y ya se manifestaba tan temprano como a mis cuatro años y medio de edad. La pregunta es si las imágenes que se emitieron por la pantalla presentaban la realidad tal como era, o era una realidad imaginaria, ficticia, creada, y más allá de creada, producida con unas intenciones y con un objetivo particular de control del creador. Me aventuro a decir que se trata de esto último. Muy bien se trata de un control que supone una experiencia placentera para el ser alienado. Este ser alienado, cuya alienación – como dijimos anteriormente -- parte de la infancia, ha producido una contraparte imaginaria con los mejores deseos, sueños y aspiraciones. El ser alienado actúa (como un sí mismo) a través de una representación que hace de sí, en un simbiotismo que lo hace lo que él es y lo que no es. Ese ser alienado vive en un tiempo y espacio como la que se vive en una película de Disney o en un video juego. En ese espacio virtual se crean universos que se pueden habitar, donde se arresta el tiempo y el espacio real, y donde se pueden alcanzar realidades que se escapan de la lógica y el entendimiento. La imposibilidad en este mundo virtual que se le aparece al ser enajenado, puede ser tan real como lo es de irreal. En este se pueden hacer negocios, se pueden adquirir y vender terrenos, se crean y se pierden fortunas, se diseñan edificios y viviendas en tres dimensiones, y hasta se pueden exhibir los vestidos más vistosos que puedan imaginarse.

Y ahora yo

No pretendí hacer una autobiografía en este escrito. Sencillamente, quería dirigirme por el espacio temporal que marcó la vida de mi generación, la llamada generación del 'baby boom'. Esta generación basa su inicio en el 1945, cuando las familias comenzaron a recuperarse del atraso acumulado en la Segunda Guerra Mundial. Hubo un aumento extraordinario en la natalidad cuando la tendencia a casarse de los jóvenes fue muy marcada. Por otra parte, la pasión por el consumo dio un paso de avance producto del inicio de la industria de la publicidad que, aprovechando la tecnología de la televisión, se dio para aquel tiempo, creando nuevas necesidades que antes no existían en la gente. Este período trajo, además, cambios ostensibles en la banca que se inventó la idea de que el crédito era algo respetable y necesario. Las deudas dejaron de llamarse con ese nombre. Las deudas tomaron el nuevo nombre de crédito. Todo ello dio paso a que el mercadeo de productos se convirtiera en uno de los más robustos recursos para la manipulación social. Y mi generación fue la primera que sirvió de conejillo de indias en el proceso de manipulación, en particular, a través de las nuevas ideas que se creaban. Entiendo que aquellas experiencias han sido fundamentales en mi vida de adulto como la de otros miles. Inclusive ha sido la base estructural en mi manera de pensar, en mi manera de percibir, de imaginar, y contextualizar el mundo y de entenderlo como si todo fuera una cosa que se puede adquirir, y que deseo adquirir; de mi manera de vivir con una tendencia hedonista hacia la satisfacción viciosa de mis deseos.

La presente generación sufre un impacto más sofisticado que la nuestra. El peligro que se concentra sobre ésta hace del dinero un medio más fundamental para la vida que lo que era en aquel tiempo. El consumo es el nuevo núcleo en torno al cual se ancla la estructura social. En un período de la historia la religión fue un universal. Los ideales humanistas de libertad y de igualdad fueron las guías universales. Hoy, en cambio, -- según Baudrillard -- el universal adopta otra figura. Se trata de lo concreto. Se trata de las 'cosas'. Son ahora las necesidades humanas naturales y creadas y los bienes materiales y culturales fabricados precisamente para responder a esas necesidades los universales de nuestros tiempos.

Capítulo 2
La escuela de socialización y opresión

La educación formal debiera tener que ver mucho con la vida; con la vida feliz y con la libertad. Si aceptamos que la educación del niño ha sido la correcta, debemos esperar que el adulto que floreció a su amparo manifieste los colores vivos y exuberantes de una vida alegre y plena y residiendo en una sociedad justa de hombres y mujeres libres. La realidad es, sin embargo, muy distinta. No es eso lo que vemos en nuestras calles y vecindarios. No es lo que vemos en los documentales, periódicos y televisión en torno a lo que ocurre diariamente en todos los hemisferios del planeta. El analfabetismo sigue rampante a nivel global y la deserción escolar es prácticamente una enfermedad generalizada, con las consecuencias sociales que ello implica. Lo que vemos es mucha gente que manifiesta la patología de la opresión; que manifiesta pobreza física, tristeza y falta de esperanza.

Observamos más desacuerdos entre la raza que acuerdos y convenios. Vemos más batallas que diálogos. Vemos más injusticias que acciones justas y vemos más iniquidades que distribuciones equitativas. Por ello, no creo que alguien inteligente y que se respete pueda decir que los sistemas de educación a nivel del planeta cumplen plenamente con los objetivos de instrucción capacitante, de acción liberadora y de justicia balanceada que debe contener todo proyecto educativo. Parece increíble que ello sea así, pero lo es. A pesar de todos los recursos que se destinan a la educación a nivel del globo, el desastre impera por todos lados y son escasos aquellos lugares en que podemos ver la relación gobierno-sociedad-estudiante con algún sentido de optimismo.

Reconozco aquí mismo que la educación no es la única culpable de la situación que refleja la sociedad mundial. Hay muchos otros factores involucrados con la condición humana, pero en este análisis quiero concentrar en la educación.

Las causas a las que obedece la deserción escolar suelen considerarse múltiples y complejas. En efecto, mucho de ello depende de la situación de cada país y del nivel de desarrollo del sistema educativo, pero aún en los países que asignan los mayores recursos económicos a la educación, en términos generales, lo que vemos no es nada alentador. El Compendio Mundial de la Educación, un informe de la UNESCO del 2007, revela que el gasto en educación a nivel del globo se concentra en unos pocos países más desarrollados. Por otro lado, en su informe Educación para Todos, publicado en el 2008, sostiene que para el 2015, aunque se reafirma la importancia de que la educación está bien financiada, "algunos gobiernos no cuentan con la capacidad de ofrecer educación básica y gratuita para todos." Por ejemplo, Estados Unidos, país que posee sólo el 4% de la población mundial de personas entre las edades de 5 a 25 años, concentra más de un cuarto del presupuesto mundial que se destina a la educación. Los Estados Unidos invierten prácticamente tanto como la totalidad de los gobiernos de seis regiones: los Estados Árabes, Europa Central y Oriental, Asia Central, América Latina y el Caribe, Asia Meridional y Occidental y África

Subsahariana. A su vez, los gobiernos de África Subsahariana invierten el equivalente al 2.4% de los recursos globales para educación, siendo su población en edad escolar un 15% del total mundial.

De acuerdo con un estudio del Proyecto Editoriales del Centro de Investigación Educativa de 'Education Week's ', el ratio de graduandos en las 50 ciudades más grandes de los Estados Unidos es de solamente un 52%. Esto quiere decir que el otro 48% se pierde en el camino, siendo la gran mayoría niños y jóvenes que provienen de las minorías afroamericanas y latinas. En la ciudad de New York, por ejemplo, el promedio de graduación es de 47.4% pero en los suburbios la cifra crece vertiginosamente a un 82.9%. En Filadelfia la distribución es de 49.2% vs. 82.4% y en Los Angeles es 57.1% vs. 77.9%. El por ciento de graduados a nivel nacional es de un 70%, que aunque más alto, no deja de ser muy bajo cuando hablamos de la nación más progresista y desarrollada del planeta.

En una conferencia auspiciada por el general Colin Powell, celebrada en

Washington D.C. en junio del 2008, se dieron a conocer cifras sobre deserción igual de impactantes. Se dijo allí que cada 26 segundos un niño norteamericano de escuela superior abandona la escuela. Esto es, sobre 3,000 al día, casi 10,000 al mes y sobre 1.1 millones al año. Aún con la multimillonaria inversión en la educación, las cifras de deserción en los Estados Unidos son extremadamente altas.

En cuanto la comunidad latina en los Estados Unidos, la situación de la educación es más caótica que la de los blancos y solamente comparable con la minoría afroamericana. El informe, 'Hispanic Education in the United States' (2007) publicado por el Concilio Nacional La Raza identifica las barreras claves que enfrentan los estudiantes hispanos, quienes representan el 17% de la población estudiantil norteamericana y quienes continúan sufriendo los niveles de aprovechamiento educativo más bajos que cualquier otro grupo étnico. El informa indica, por ejemplo, que los hispanos tienen una probabilidad significativamente menor de terminar la escuela secundaria que sus semejantes blancos. Se trae a colación que las escuelas que atienden a hispanos y a otros estudiantes de minorías ofrecen menos cursos académicos que los que se ofrecen en las escuelas para los blancos. Este hecho, viene siendo discutido en las esferas norteamericanas desde el autor y educador Jonathan Kozol escribió su famoso libro 'Savage Inequalities' (1991). En el libro se hace una descripción de las desigualdades que sufren las escuelas a las que asisten las minorías étnicas y de bajos recursos en términos de asignación gubernamental de presupuesto y de programación educativa en los Estados Unidos. Diez y ocho años después de la publicación del libro, la situación continúa empeorando.

Por otra parte, el informe de la Raza sostiene que menos de la mitad de los varones hispanos terminan la escuela secundaria. En particular, sólo 43% de los varones negros y 48% de los varones hispanos se gradúan de escuela secundaria, en comparación con el 71 % de los varones blancos. Además, los hispanos que nacieron en el extranjero representan más de un 25% de todos los estudiantes que se convierten en desertores escolares en Estados Unidos. La Raza menciona que, según un estudio de Achieve, Inc., un 74% de las niñas de minorías quieren matricularse en cursos avanzados, pero sólo un 45% de sus escuelas ofrecen estos cursos. De manera similar, casi dos terceras partes de los varones de minorías están interesados en tomar cursos avanzados de matemáticas, mientras menos de la mitad asiste a escuelas donde se ofrecen estos cursos. En fin, tenemos que decir que en aquellos lugares donde los estudiantes se pueden sentar por algún tiempo en sus pupitres y recibir el 'pan de la enseñanza', lo que finalmente llegan a recibir es un mendrugo con sabores y sueños fantasiosos que al final del camino le suelen ser venenosos.

Educación en el planeta

A nivel global debemos entender, de igual manera, que si la socialización de nuestros niños y jóvenes ha recaído en la educación formal, pues todo este proyecto ha sido un desastre. Observamos hoy día a un mundo convulso, violento, entre amenazas y guerras, lleno de injusticias y odios y de riquezas y pobrezas de extremo.

Como la educación tiene que ver con la vida, también tiene que ver con la justicia y la equidad.__Un informe sobre la distribución mundial de la riqueza elaborado por el World Institute for Development Economics Research de la United Nations University (UNU-WIDER) sostiene que, en el año 2000, el 1% de las personas más ricas poseían el 40 % de los activos globales. El 10% de las personas más ricas poseían el 85 % de la riqueza y en cambio, el 50% de la población sólo poseía el 1 % de la riqueza mundial. En este sentido, la educación ha fallado estrepitosamente porque no pudo preparar a los hombres de hoy sobre lo que es el sentido de justicia y distribución equitativa. Agrupando todos los países del mundo en cinco grupos iguales, según la riqueza que disponen se constata que el 20% de los países más ricos posee una riqueza 150 veces superior al 20% de países más pobres.

Ya dijimos anteriormente que las 356 personas más ricas del mundo disfrutan una riqueza que excede lo que gana el 40% del resto de la humanidad. A manera de confirmación, señala el 'Institute for Policy Studies', que la riqueza acumulada por los 1125 individuos más ricos del mundo, estimada en $4 mil cuatrocientos millones ($4.4 billones) es mayor que los ingresos sumados de la mitad de la población adulta del planeta.

Otra cifra que expresa la disparidad es la siguiente: Los 50 administradores de fondos financieros que provocaron la crisis del 2007, ganaron durante ese año un promedio de 588 millones de dólares, unas 19,000 veces más que el trabajador estadounidense típico y unas 50,000 veces más que un trabajador latinoamericano medio. El director ejecutivo de la financiera Lehman Brothers se embolsó 17,000 dólares por hora durante todo el 2007, según las cifras del Instituto. El salario mínimo federal es al 2009 de solamente $7.25 la hora.

Un informe de Oxfam Intermón, una organización no gubernamental de cooperación para el desarrollo, denunció en el 2011 que la democracia ha sido "secuestrada" en beneficio de las élites económicas, que "manipulan" las reglas del juego en su beneficio creando un mundo en el que sólo el 1% de las familias más poderosas acapara el 46% de la riqueza del mundo.

Según explica, en los últimos años se han venido adoptando políticas que claramente benefician a quienes más tienen, como la desregulación y la opacidad financieras, los paraísos fiscales, la reducción de los tipos impositivos sobre las rentas más altas o los recortes en inversión y protección social.

En cuanto a Estados Unidos, apunta que la desregulación financiera ha propiciado que se incremente el capital acumulado por el 1% más rico de la población hasta el nivel más alto desde la Gran Depresión, hace 80 años.

El informe destaca asimismo que se estima que 21 billones de dólares se escapan cada año al control del fisco a nivel mundial, porque "las personas más ricas y las grandes empresas ocultan miles de millones a las arcas públicas a través de complejas redes basadas en paraísos fiscales".

En cuanto al problema del analfabetismo mundial, el desastre no es muy distinto. En el mundo existen 800 millones de adultos analfabetas, lo que representa 18.3 por ciento de la población adulta en el planeta. De ellos, 64 por ciento son mujeres. Poco más de 70 por ciento de la población analfabeta en el mundo (562 millones) se concentran en nueve países, entre los que están India, China, Bangladesh y Pakistán, revela un informe de la UNESCO. En su Informe sobre Seguimiento de la Educación Para Todos en el Mundo (2005), la UNESCO concluyó que pese a los esfuerzos por incrementar los recursos destinados a la educación, ampliar el acceso a la escuela y mejorar la paridad entre los sexos en la enseñanza, "el ritmo de cambio es insuficiente". El documento señala que hubo un "ligero avance" por alcanzar esa universalización, dado que mientras en 1998 se registraron 106.9 millones de niños que no tuvieron acceso a la educación, para el año 2001 sólo habían 103.5 millones de niños en esas condiciones. La deserción escolar y el analfabetismo también abonan al alza en la criminalidad. Coincide el hecho de que en los países con más alto analfabetismo y deserción resultan ser los de mayor criminalidad en el planeta. El Fondo

Monetario Internacional hizo un estudio entre 116 países y encontró que África, América Latina, Asia, países en transición y ciertos países desarrollados, y Medio Oriente; han aumentado la criminalidad, incluyendo las denuncias por robo o asalto, robo a propiedad, daño a propiedad ajena, homicidio, violación, secuestro y tráfico de drogas.

No tenemos que argumentar mucho para concluir que la deserción escolar tiene efectos en muchos niveles sociales. La deserción escolar no solo afecta la fuerza de trabajo ya que se convierte en menos competente sino que se reduce el nivel de productividad y esto se reproduce a nivel general en la nación en una disminución en el crecimiento del área económica. Cuando el asunto de la deserción escolar se da a grandes escalas, se generan y perpetúan las grandes desigualdades sociales y económicas. Según la Agencia Central de Inteligencia, vemos el ejemplo patente en los casos de países pobres como: Zambia, 86% de pobres; Franja de Gaza, 81%; Zimbawe, 80%; Chad, 80%; 5.- Moldova, 80%; Haití, 80%; Liberia, 80%; Guatemala, 75%; Surinam, 70%; Angola, 70%; Mozambique, 70%; Swazilandia, 69%;

Sierra Leona, 68%; Burundi, 68% y ;Tayikistán, 64%, cuyo nivel de deserción es extremamente alto al igual que el por ciento de pobreza.

Y aquí Yo en Puerto Rico

Me cuento entre esos que no está satisfecho completamente con la educación en mi país. Y es que Puerto Rico no es un caso aparte a los descritos anteriormente. Los males son graves a pesar de que la aportación gubernamental que se hace a la educación es tan alta como el 33% del presupuesto estatal. Los males van más lejos de lo económico. Veamos:

El Departamento de Educación es una estructura inflexible, de paredes frías, aunque altamente poblado y congestionado. La burocracia y la politización del Departamento mantienen atadas las manos a los maestros y no les provee alternativas que les permita buscar cambios. El Departamento es tan burocrático que es un monstruo inmenso donde todo se queda en papeles.

Resulta impactante reconocer el hecho de que para atender una matrícula de cerca de 33,000 profesores, el Sistema necesita de casi 16,000 burócratas. Esto es, para el papeleo que genera cada dos maestros, el Sistema necesita un empleado administrativo. Desde aquí, uno puede ver a simple vista el sifón por donde se escapan gran parte de los recursos destinados a la educación. En lugar de ir directos a los salones, los fondos se dedican al pago de sueldos a burócratas quienes, en un alto por ciento, están ubicados en sus escritorios gracias al tratamiento de sus favorecedores políticos. Mejor evidencia que los números no existe: el presupuesto asignado al Departamento de Educación para el 2009 fue de $3,827,866, de los cuales $2,536,979 fueron destinados al pago de la nómina.

Por otra parte, el Sistema Educativo de mi país posee mucho de los síntomas que tiene la generalidad de los sistemas educativos globales, como lo es por ejemplo la alta deserción escolar. La nuestra, ronda entre el 45% y el 50%, similar a la inmensa mayoría de los países desarrollados y en desarrollo (porque he observado que ni entre los países desarrollados y en desarrollo no hay una gran diferencia en la deserción. De hecho, el estimado general de deserción en los Estados Unidos es de 30%. Pero, ese por ciento puede elevarse hasta el 52% en algunas ciudades).

De igual manera, los maestros no tienen suficiente equipo disponible para apoyar las artes pedagógicas ni recursos y materiales para ejecutar una educación de calidad. Los textos son anticuados, escasos y obsoletos. Cuando el 63% del presupuesto del Sistema se dedica al pago de la nómina de burócratas y maestros, el restante 37% no rinde para satisfacer mucho más las necesidades de las sobre 1,400 escuelas del Sistema y los más de 640,000 estudiantes. Estos números han estado bajando sustancialmente en los últimos años. Del total de fondos asignados en el 2009, solamente $256,832 se consignaron para la compra de materiales y la absurda cifra de $127,912 para la adquisición de equipo nuevo. Y tercero, la orientación curricular que impone el Sistema es enajenante de la realidad social del estudiante. Esta es compulsoria, prescrita, inflexible y controlada, careciendo de buena planificación y reclamando siempre fondos económicos insuficientes para no cumplir con los parámetros de calidad que pudieran requerírsele. Esto se refleja en el bajo aprovechamiento estudiantil. Las Pruebas Puertorriqueñas (PPAA) han reflejado el bajo aprovechamiento de los alumnos en la materia básica de español, matemática e inglés, durante los primeros cinco años del presente siglo. Esas cifras vienen arrastrándose desde el siglo pasado y no auguran cambios significativos, hasta el momento. Por ejemplo, en el área de español (año 2004-05), aproximadamente el 37% de los alumnos de tercer grado estaban bajo el nivel de dominio. Esta situación parece agravarse según nos movemos a otros grados: el 55% de los alumnos en el sexto grado y el 47% de los alumnos en el undécimo demostraron tener un pobre dominio de las competencias evaluadas en la misma área.

En el 2012, las Pruebas Puertorriqueñas reflejaron un desastroso 47% de aprovechamiento en Español, 30% en Matemáticas, 46% en Ciencia, e Inglés 42%.

El Consejo Nacional de La Raza reveló en su informe "Nuestros niños cuentan" del 2010 que el 56 por ciento de los menores en Puerto Rico vive en la pobreza, más del triple que en Estados Unidos.

Puerto Rico es además la jurisdicción estadounidense con el número más alto de adolescentes que ni estudia ni trabaja, situación en la que se encuentra el 14,6 por ciento de ese grupo.

Los problemas tienen su origen en los bajos niveles académicos de los niños y jóvenes del país, como queda patente en el informe, que apunta que en el periodo 2006-2008 un 8,4 por ciento de adolescentes entre 16 y 19 años no asistía a la escuela ni se había graduado en escuela superior.

Por otra parte, el Sistema no permite la participación efectiva en la planificación curricular de otras personas interesadas en la educación, como lo son los padres y los propios estudiantes, y a los maestros se les concede una participación bien limitada. Ningún sistema social o educativo debe estar exento a cambios. De hecho, la educación es uno de los sistemas que más ha sido estudiado mundialmente en un esfuerzo por realizar innovaciones que puedan mejorar la educación de la juventud. Un sistema con una burocracia lenta y pesada o motivada por razones políticas impide los cambios de reforma urgentes. Veamos todo esto punto por punto.

Uno de los asuntos que más preocupa es que el currículo está dirigido exclusivamente a desarrollar destrezas cognoscitivas sin tomar en cuenta si ello es suficiente para satisfacer las ansiedades y necesidades de los estudiantes. Pero, esto es un mal general. Lo mismo ocurre en los Estados Unidos, tanto como en la inmensa mayoría de los países en el planeta. Las escuelas le llenan la cabeza de información que no es consultada con el estudiante, y mucho menos le dicen para qué le servirá en su vida. Recuerdo los dolores de cabeza que tuve para aprender la tabla periódica en el curso de Química y hasta la fecha de hoy, nadie me ha justificado tal sacrificio. Lo mismo ocurrió con el curso de Trigonometría. Podría argumentarse que la Química y la Trigonometría proveen al estudiante de ciertas herramientas que estará utilizando en la vida, pero entiendo que todo es un asunto de prioridades cuando hay ausencia de proveer otros contenidos más esenciales para atender los problemas cotidianos con los que se estará enfrentando.

Personalmente, entiendo que el currículo general está diseñado exclusivamente para desarrollar las destrezas de conocimiento en el estudiante, pero no enfatiza en la importante responsabilidad de suplir respuestas a las interrogantes culturales, sociales y emocionales de los jóvenes. Mucho menos les explica las contradicciones sociales que pasan frente a ellos y que los embisten diariamente. Este currículo tampoco persigue el desarrollo de aquellas destrezas superiores como lo son el análisis, la síntesis, la aplicación, la comprensión y el pensamiento crítico. Por ejemplo, la rutina de asignaturas diarias en la escuela superior es la siguiente: Arte, Historia de los Estados Unidos o de Puerto Rico, inglés, español, Geometría e Investigación Científica. En otros niveles de ese mismo nivel escolar es: Biología, Español, Geometría, inglés e inglés conversacional. Todo es pura transmisión de conocimiento. La rutina de los cursos comercial/vocacional contiene las siguientes asignaturas: Ciencias, Algebra, inglés, español y Estudios Sociales, Taquigrafía y Escritura Rápida. Los varones toman cursos de mecánica de automóviles como parte del currículo vocacional.

El currículo de la escuela superior presenta dos opciones para los estudiantes: el general y el comercial/vocacional. Tradicionalmente, un mayor número de estudiantes se registra en los cursos generales más que en los comerciales/vocacionales debido al hecho de que la mayoría de los estudiantes se inclina a continuar estudios universitarios. Los cursos comerciales/vocacionales han estado dirigidos en esencia para aquellos estudiantes interesados en incursionar en el mercado de empleo inmediatamente después de graduarse de la Escuela Superior.

El Departamento de Educación obliga a los maestros a guiarse por un currículo que le suministran, el cual no discute los asuntos relacionados con la vida de los estudiantes en sus contextos sociales. Todo el período lectivo se dedica al proceso de transmisión de conocimiento y de desarrollo de algunas destrezas que no tienen significado vital para el estudiante. En la clase de historia se le enseña "las fechas, las guerras"; en la clase de inglés le hacen leer cuentos y luego le hacen contestar preguntas. "Trabajamos el vocabulario... pero no se habla sobre el proyecto social".

Es evidente, que el currículo de la escuela no satisface las aspiraciones ni ayuda a resolver los problemas prácticos reales que tienen los adolescentes ni tampoco le ayuda a responder a sus interrogantes emocionales. Toda la tarea escolar reduce al estudiante a recibir pasivamente el material de conocimiento que la escuela quiere reproducir en ellos, pero que no logran comprender porque no se les presenta, inclusive, en el contexto de su vida diaria. A raíz de ésto, el material de conocimiento que reciben es totalmente innecesario porque no saben el porqué de su utilidad. Toda esta situación evidencia cuán enajenada está la escuela y el currículo de los intereses de los estudiantes.

Abundemos un poco sobre estos asuntos. Entendemos que el currículo tiene que ser como un traje hecho a la medida. El currículo debe conectar al estudiante con sus propios intereses, colocándolo primeramente en posición de reconocerse a sí mismo y a su circunstancia político-social. En el caso del traje hecho a la medida se toman primero las medidas del cuerpo y se procede entonces a los cortes y a la costura. Bajo este principio, para poder referir al estudiante a un estado de conciencia socio-cultural, se hace imperativo que el investigador educativo y el maestro estudien la cultura y el contexto social de sus estudiantes. Es así, como único, sus discursos pueden ofrecerse con significado para ellos. Y el producto debe formar parte de una conversación problemática- reflexiva entre todos los miembros. Desde ese diálogo, se buscaría ubicar al estudiante en una posición de comprensión de su vida en su entorno social y mediante el diálogo y la negociación entre el maestro, el estudiante, los padres y la administración escolar, pueda erigirse todo el proyecto curricular. Al presente, la propuesta curricular del Departamento está totalmente enajenada de los intereses y las realidades ontológicas de los estudiantes. La escuela le ofrece conocimientos de materias al estudiante... pero no necesariamente lo que ellos (los estudiantes) necesitan. Si esta es la realidad, entonces ¿A quién o quienes responde el currículo?

Con toda esta situación sobre sus hombros, el sistema educativo tiende a imponer su criterio y se resiste dejar a estudiantes y también a maestros a participar en la planificación de la educación. Por ejemplo, para los maestros es muy difícil, sino imposible, hacer cualquier cambio al currículo suministrado por el Departamento de Educación porque no hay un mecanismo establecido que permita modificaciones. El Departamento tiene sus propios especialistas y no permiten a nadie que interfiera. El gobierno de éste no permite que los indios vayan a donde los jefes están.

los maestros no tienen libertad para alterar la selección del Departamento de los libros de textos. Aquellos maestros que intervienen con las decisiones del Departamento son marginados, cuestionados y evaluados negativamente. Los libros de texto nunca llegan a tiempo para el inicio del curso escolar y en muchas ocasiones los libros, cuando llegan, ya están obsoletos. En otro caso, los libros de textos que se entregan no pueden ser utilizados porque no están al nivel de los estudiantes. Los libros no son efectivos porque el nivel es muy elevado para los estudiantes.

Más aún, las autoridades escolares no permiten que los estudiantes participen en la planificación de su propia educación, a pesar de que en teoría, la escuela debe responder a los intereses de los estudiantes. Las únicas consultas que el Departamento hace entre los estudiantes son las de carácter periódico para propósitos estadísticos, utilizando formas tradicionales que no permiten un acercamiento para el diálogo entre los estudiantes, maestros, y las autoridades escolares. Los estudiantes llegan hasta el punto de la indiferencia y aun cuando tuvieren la urgencia de expresar algún asunto relacionado con su vida escolar se abstienen de dirigirse a las autoridades de la escuela porque "ellos (las autoridades escolares) no hacen nada acerca de lo que los estudiantes denuncian". Ante toda esta situación nos preguntamos: ¿Cómo puede la escuela proveer un currículo para los estudiantes si no hay diálogo relevante de tipo alguno entre el liderato escolar con los estudiantes? ¿Cómo puede el Departamento diseñar un plan curricular que tenga significado para los estudiantes si está totalmente enajenado de la vida cultural de éstos y si no conoce sus necesidades cotidianas ni sus malestares emocionales? ¿Para qué la escuela es útil, entonces, si no los ayuda a contextualizar su realidad social y en lugar se empeña en enajenarlos de esa realidad? ¿Para qué les sirve si no los ayuda a tomar conciencia de que a muchos les resultará más difícil alcanzar sus aspiraciones que a otros y que esos tienen que luchar más que nadie en la sociedad para echar hacia adelante?

Hay que admitir que la escuela no invita a los estudiantes a reflexionar sobre la vida. Es triste admitirlo pero es así. Esto es, las escuelas están dedicadas a transferir conocimiento, a producir actitudes y a acomodar a los grupos diferenciados en el lugar que les corresponde. Eso es injusto. En lugar de producir ciudadanos prácticos, libres, valientes, reflexivos y críticos, la escuela produce ciudadanos pasivos, controlados, temerosos, oprimidos y dependientes cuando puede ser la fuente para la construcción de una sociedad promisoria y justa.

A la juventud, la sociedad le ha enseñado que el triunfo es alcanzado cuando obtienen un buen trabajo. Pero como lo hemos señalado, si el triunfo depende de un empleo, las escuelas escasamente les ayudan para ello. La pregunta es, ¿qué libertades tienen, entonces, los estudiantes comunes para culminar sus propias aspiraciones? Los estudiantes están limitados en el ejercicio de su voluntad para tallarse una vida exitosa, según la definan. El pedagogo norteamericano, Joe Steinberg & Kincheloe (1997) señala que las consecuencias de las desesperanzas son la apatía, el crimen, la violencia y el suicidio.

Producción y reproducción

Lo que discutiré a continuación es de entera aplicabilidad a Puerto Rico, tanto como a los Estados Unidos y a los países que se reconocen como los más desarrollados del globo. En todos ellos, aunque el poder está totalmente diluido por todo el orden social, las escuelas permanecen aún como un medio importante para la transmisión de nuevo conocimiento. Esta es la manera en que las generaciones transmiten sus experiencias y logros a las futuras generaciones. Es una cadena que no tiene fin. Pero, lamentablemente, se ha dramatizado más recientemente que el conocimiento que transmite se aleja en invariables ocasiones del que necesita el estudiante.

De acuerdo a los teóricos de críticos, las escuelas enfocan hacia el conocimiento que permite expandir el capitalismo y garantiza la producción de una cultura homogeneizada. Otros, sostienen a su vez que la escuela produce la conducta pasiva y de sumisión necesaria para el mercado de empleo en un proceso que llaman como "normalización". Por otro lado, la escuela les presenta a los estudiantes una falsa representación de una bien integrada sociedad extendida donde supuestamente todo el mundo tiene las mismas oportunidades de alcanzar el éxito.

La aspiración fundamental de la educación, tal y como se desprende de las metas y objetivos del sistema educativo público es desarrollar al máximo el potencial de los seres humanos en sus múltiples dimensiones. Pretende, además, que el alumno tenga una mayor comprensión de los sucesos y de los procesos que han dado forma a su sociedad y a otras sociedades, de manera que pueda participar consciente y activamente en la realidad social que le ha tocado vivir. Sin embargo, las escuelas se han convertido en algo distinto. Si vemos con detenimiento la realidad, partiendo de su modelo gerencial hasta sus fundamentos curriculares y estilos pedagógicos, nuestras escuelas se inclinan a favorecer las ideas y el material de conocimiento de los grupos que dominan nuestra sociedad.

De acuerdo con la evidencia presentada anteriormente, las escuelas fallan al mantener a los estudiantes ajenos al arte y a la ética de cómo vivir en la sociedad y mucho menos en cómo desenvolverse en una sociedad de adultos. Las escuelas, en lugar de proveer a los estudiantes del conocimiento práctico para vivir y contextualizar y planificar una estrategia particular para mejorar sus vidas, hacen exactamente lo opuesto. Para responder a los intereses de la cultura dominante, la escuela promueve la enajenación al intentar trabajar con ellos sin tomar en consideración las extensas diferencias económicas y socio-culturales que existen entre los grupos poblacionales.

Cuando mi tío Perfecto, quien servía como maestro rural en mi pueblo natal de Cidra, pensaba que como su sobrino tenía la habilidad de recitar los anuncios comerciales y podía articular, más o menos bien, unas ideas estaba preparado para incursionar en el mundo de la competencia académica a los cuatro años y medio de edad, no estaba consciente de lo que se estaría produciendo en mí. El consumir indiscriminadamente ha sido parte de la vida de este servidor. Todavía a los sesenta y un años de edad tengo que hacer un esfuerzo para descubrir lo que le es necesario poseer para sobrevivir y lo que le es superfluo para su existencia, pero que me gustaría tener. Siento que esa confusión no tiene que ver nada con un problema de conexiones cerebrales. Entonces, ¿cuál puede ser la causa? ¿No será que dentro de mí permanecen vigentes los mensajes ideológicos de la programación que me hicieron tragar cuando era niño?

Aquellos que manejan nuestra sociedad democrática/capitalista han definido e impuesto el ideario educativo/cultural de nuestro país y han provisto de la lista de características que debe poseer una persona educada, y éstas, si vemos, se fundamentan excesivamente en adaptar al individuo para funcionar dentro de una cultura post-industrial, de alta tecnología y de negocios. Hasta mucho tiempo después de mis inicios en la escuela fue que pasó por mi mente hacer una reflexión sobre el fenómeno de la atracción al que me incitaba el campo de la publicidad. Nunca pensé que era necesario. Daba esas cosas dentro del orden de lo ordinario. Eran cosas como dadas por la naturaleza. Pensaba que no había nada de inmoral en que las firmas comerciales gastaran sus dólares en publicidad buscando el potencial de un cliente adicional. Eso sí, me sorprendía -- ya en mi etapa de joven adulto – la cantidad de millones de dólares que dedicaban a la publicidad.

Pienso hoy día que la educación formal del sistema educativo es una mera pantalla para que las fuerzas dominantes reproduzcan el sistema social vigente a su completa conveniencia. No han sido pocos los autores que han acusado a la educación formal de ser parte de la ingeniería del poder cuya estrategia es considerar a la sociedad como una superestructura objetiva y permanente. Esta, en lugar de poseer un andamiaje tangible y sólido es creada por leyes, normas y regulaciones que se han reproducido por años. A la escuela le corresponde la tarea de vestir con las existencias de personas comunes, como lo soy yo, cada uno de los niveles de la superestructura. El propósito es que las nuevas generaciones funcionen con 'normalidad' en esa superestructura, acomodándolas armoniosamente y adiestrándolas con destrezas y actitudes para que se incorporen al funcionamiento ordinario y cotidiano. Unos autores le han llamado a eso la tarea de domesticar, socializar o sincronizar a las generaciones que crecen. Esta es la tarea de la educación formal. Esta ingeniería se las ha agenciado para que la escuela deposite su interés en el bienestar de la superestructura más que en el bienestar de la juventud. Y eso pica y se extiende.

Una de las maneras para mantener la explotación es perpetuar la enajenación de lo grupos de su verdadera posición en la estructura social y también de las injusticias que el sistema carga en su vientre. Y para eso es útil la educación tradicional. La cultura dominante quiere que todo el mundo se sienta como parte igual de la sociedad amplia o al menos un ser "normal" entre el sector más común y más representativo de la sociedad, a saber: la clase media o la clase trabajadora.

De acuerdo con las teorías críticas, la sociedad capitalista oprime a las clases económicas más bajas. Esta opresión se manifiesta de distintas maneras, tales como: imponiendo la ideología de la mayoría, marginando y discriminando en contra de aquellos que poseen menos, utilizando las instituciones oficiales como medio de control y reproducción de la estructura social y cultural de la clase dominante, y utilizando a los ciudadanos de estos grupos marginados para suplir los recursos humanos necesarios para mantener la operación sutil del orden social y cultural existente. La mejor manera de conseguir sus objetivos es enajenando a cada una de las generaciones en progreso de la realidad real. La escuela margina a estos estudiantes de su realidad social, de la realidad en donde viven en la cultura de la opresión y la explotación. Como hemos visto, las escuelas no proveen el espacio ni el tiempo para la reflexión existencial y mucho menos para la reflexión crítica. Pero más importante, las escuelas no están proveyendo la información básica para que estos estudiantes puedan participar en este tipo de reflexión crítica. Por el contrario, las escuelas continúan utilizando el modelo tradicional orientado en la transmisión de un conocimiento que le es suministrado por los grupos dominantes.

La escuela, junto a otros espacios educativos como lo son por ejemplo: las librerías, la televisión, el cine, los periódicos, las revistas, los juguetes, la publicidad, los video-juegos, los libros, los deportes y así por el estilo, es donde el poder está organizado y en completa actividad y acción. Los que construyen los espacios pedagógicos donde los niños y jóvenes nutren sus experiencias no son agencias educativas bonafide sino intereses comerciales que operan por lucro privado y no a favor de los intereses comunes de la sociedad ni mucho menos en beneficio de los niños y jóvenes. Son intereses capitalistas que buscan abonar cada vez más a su caudal económico. Estas son las agencias que penetran la radio y la televisión y todos los medios de comunicación posible y como villanos disfrazados penetran en las escuelas con muñecos, reinos mágicos, fantasías animadas, héroes virtuales y un millón de artefactos de entretenimiento.

Esos mismos intereses son aquellas que buscan la perpetuación del status quo y ven en las escuelas un medio para hacerlo y para reproducirlo. Mediante un mensaje ideológico van trabajando las subjetividades de los niños y jóvenes para que respondan convenientemente a los intereses económicos detrás de los disfraces de inocentes e ingenuas hadas y magos. Estas buscan además preservar el dominio de la estructura social que poseen corriendo las cosas con la menor fricción posible, a manera de protegerse de los quejosos y críticos. Y hasta llegan a disfrazarse de colaboradores, filántropos y benefactores de los grupos más necesitados. Una mentalidad crítica requeriría que los individuos no solo desarrollen maneras de interpretar los significados a los mensajes ideológicos sino la habilidad de descifrar y deconstruir las intenciones detrás de estos supuestos benefactores.

De otro lado, muchos de nuestros

jóvenes recurren a la escuela con la esperanza de que se le ofrezcan unas respuestas para su desconcierto. Pero la realidad escolar está muy lejos de tener esas respuestas para nuestros jóvenes, quienes no tienen otra opción que buscarlas en la calle que es, en último caso, el ambiente más amigable, más comprensivo y más comprensible para ellos. Es triste admitirlo, pero la calle se ha convertido hoy día en la aliada más importante de los jóvenes que sufren la marginación de los adultos, restándole seriedad a sus preguntas y planteamientos, y peor en el caso de los pobres que son además marginados por la sociedad extendida. Es ahí, en la calle, donde nuestros niños y jóvenes desarrollan todo su proyecto de comprensión y significado, 'afilan sus espuelas' y desarrollan la estrategia de resistencia necesaria para enfrentar las imposiciones de un mundo social que discrimina contra ellos, que le cierra puertas y que, por ende, le es amenazante y desconcertante.

Pero todavía hay una esperanza de cambio. Y esta esperanza parte, precisamente, desde la misma escuela. Analicemos lo siguiente:

Giroux (1983) dice que las escuelas pueden convertirse, no solamente lugares para la instrucción y la reproducción hegemónica, sino lugares para la cultura. Lejos de ser templos exclusivos para los asuntos académicos, las escuelas de este período de siglo en los países democráticos como lo es Puerto Rico pueden convertirse en lugares de producción cultural activa que surge de la discusión que -- formal e informalmente -- hacen los estudiantes y maestros, a saber: (1) en torno a los asuntos cotidianos más importantes para ellos, y (2) del debate y contestación a las imposiciones culturales e ideológicas de los grupos sociales y económicos.

Esta es una realidad posible en nuestro sistema escolar. Aunque no quiera reconocerse todavía, las escuelas nuestras pueden erigirse como arenas de discusión y contestación política e ideológica. Las escuelas pueden ser espacios de resistencia y de producción cultural. Giroux (1983) dice que pretender reprimir, en lugar de aprovechar, las manifestaciones culturales que se producen en nuestros centros educativos, con la prédica de que las escuelas son o deben ser neutrales --

es decir, sordas y mudas de la realidad social y política que existe fuera de ellas -- es subestimar las capacidad intelectual de los estudiantes y maestros quienes tienen que enfrentarse a una realidad -- muchas veces fea e injusta -- al salir diariamente de los portones de las sobre 1,600 escuelas públicas y de las otras tantas escuelas privadas. Es, igualmente, desconocer la capacidad de resistencia que tienen los estudiantes, quienes llegan hasta el extremo de desertar de la escuela -- como lo vienen haciendo en ciertos sectores -- al convencerse que el ofrecimiento académico está muy lejano de ser lo que ellos necesitan para vivir.

De hecho, Jerome Bruner (1977), sostiene que el ser humano, más que un procesador de información, es un constructor de modelos que le sirven para interpretar la realidad y que el objetivo principal de la educación debe ser desarrollar las estructuras críticas necesarias para que se de ese proceso.

Pensar que las escuelas son neutrales, dedicadas exclusivamente al desarrollo cognoscitivo y de destrezas en los estudiantes e imponer un modelo curricular basado en esas presunciones, es realmente estar desconectado de lo que está aconteciendo en estos precisos momentos dentro de todos los planteles de nuestro sistema educativo. La cultura que viene produciéndose en nuestras escuelas no es ni tan siquiera la llamada "alta cultura" sino la que últimamente se ha dado por llamar "cultura popular" o "cultura diaria". Esta es la que recoge las batallas de oposición y contestación y se concretizan, entre otras, en una conducta orientada hacia el empleo, en maneras de vestir no tradicionales, en expresiones artísticas -- como la música rap y de rock --, en el "gufeo", en las conductas "desordenadas" y en los cortes de clases, entre otras expresiones, según expresa Giroux (1981).

Tengo que señalar aquí que en este periodo histórico, la diversidad social es piedra angular para toda consideración pedagógica. Este es el período donde las voces que nunca se han escuchado comienzan a escucharse y donde los "expertos" ya no tienen el monopolio absoluto del gran discurso o de la verdad -- de la gran narrativa como diría Lyotard (1979). Ahora, cada cual, por minoritario que sea, tiene el derecho a contar su historia propia. Eso es lo que estudiantes y maestros vanguardistas vienen reclamando. Lyotard (1979) ha sostenido que en la Condición Posmodernista ya no podemos creer en las grandes meta narrativas, que en principio incluyeran a todos los individuos. Hoy día, esa apreciación es inadecuada porque ninguna de las grandes narrativas incluye al género humano. Al presente, estamos mucho más conscientes de nuestras diferencias entre unos y otros, de la diversidad, de la incompatibilidad de nuestras aspiraciones, de las creencias y deseos, por lo que en el postmodernismo hay que hablar de micronarrativas y experiencias particulares, en lugar de un Gran Discurso.

Todavía me encuentro con que las escuelas reducen la experiencia pedagógica al salón de clases y eso tiene una razón de ser. Es el salón el lugar de excelencia donde mejor se puede controlar la producción del mensaje ideológico que hay que reproducir. Nuestros líderes educativos hablan de excelencia académica y al hacerlo se refieren al material de conocimiento que los futuros adultos deben poseer para ser útiles en una sociedad funcionalista. ¿A quiénes les conviene eso sino a los que están dominando la sociedad?

Por estar corriendo en dirección contraria a lo que quieren los estudiantes, las instituciones educativas están muy lejos de ser instrumentos de esperanza y posibilidades para un amplio sector de la sociedad, particularmente para los hijos de la clase media, de la clase pobre y de la clase trabajadora. Nuestro sistema está perdiendo las voces y el mensaje de lo que tienen que decir los estudiantes y los maestros.

Giroux (1983) sostiene que las instituciones educativas solas no pueden cambiar la sociedad, pero pueden ser agencias importantes para reformas sociales mediante el desarrollo de un trabajo pedagógico en y fuera de las escuelas con un discurso que pueda funcionar de tal manera que produzca esperanzas reales, que forje alianzas democráticas y señalen hacia nuevas formas de vida que aparezcan realizables. En estas alianzas, las voces de los estudiantes y de los maestros del salón de clases tienen que ser escuchadas.

Personalmente, pensamos que la escuela tiene mucho más que aportar.

Creemos que la escuela tiene la encomienda moral de trabajar por la justicia social, la equidad entre los hombres, la esperanza para el diferenciado, la oportunidad para el discriminado y la emancipación para el oprimido. Apoyándonos en el diagnóstico crítico expresado arriba, creemos que podemos hacer algunas recomendaciones tendientes a propiciar que la escuela ejerza el poder transformador que potencialmente puede realizar en nuestro medio social y evitar un suicidio generacional, pedagógicamente asistido. Nuestras recomendaciones para lograr esas encomiendas son las siguientes:

• Producir una pedagogía que provea a los estudiantes de las competencias para buscar las transformaciones necesarias para hacer más justa y más democrática la sociedad empresarial que le ha tocado vivir.

• Recobrar las voces que ha venido perdiendo el sistema educativo. Estas son las voces y el mensaje que tienen que ofrecer los estudiantes y los maestros, verdaderos protagonistas de la educación. Los 'expertos' del Departamento de Educación no son los únicos que tienen algo que decir sobre la educación y sobre las maneras de vivir la vida.

- Desarrollar un trabajo pedagógico en y fuera de las escuelas con un discurso que pueda funcionar de manera que produzca esperanzas reales para los estudiantes, que – como diría el pedagogo norteamericano Giroux -- forje alianzas democráticas entre los diversos sectores de la sociedad y que señalen hacia nuevas formas de vida que parezcan realizables.

- Proveer las condiciones y el ambiente en el currículo y en la escuela para que puedan levantarse y discutirse issues importantes y relevantes de la vida cotidiana y de la vida comunitaria alrededor de los principios de equidad, justicia y democracia. Trascendiendo la propuesta de la Dra. Ana Helvia Quintero en su libro *La Escuela que Soñamos*, debemos convertir nuestras escuelas en laboratorios para la discusión de los asuntos cotidianos más importantes para los estudiantes y el debate que balanceen el poder desmedido de las imposiciones culturales e ideológicas de los grupos sociales y económicos. Que sean ellos los promotores del verdadero diálogo nacional. Las escuelas como laboratorios permitirían la colaboración de los estudiantes; los maestros tendrían la libertad para modificar el currículo -- abriendo espacios para la reflexión social. Los patrones del salón de clases serían establecidos por los maestros y los estudiantes y el Director de la escuela, en abierta comunicación, negociación, balance y consenso, basado en un modelo crítico y de reflexión democrática que puedan fomentar el civismo, la solidaridad y los valores del ciudadano responsable y donde se pueda descubrir el poder del pensamiento libre.

- Proveer al estudiantado de un ambiente educativo de excelencia, partiendo desde la modificación del programa de escuelas con grandes poblaciones, estudiantiles a escuelas con poblaciones medianas y pequeñas, hasta la organización de estas poblaciones en grupos pequeños por cada salón de clases en que se pueda personalizar la instrucción mucho mas allá de lo que se hace al presente.

- Proveer a los estudiantes de las herramientas y las destrezas críticas necesarias para discernir y ponderar el mensaje ideológico/económico a que son sometidos por todos lados – incluyendo la escuela – de manera que puedan resistir y emanciparse de la enajenante cultura de consumo en la que pretenden integrarlos. Hay que proveerles de las herramientas para que puedan discernir, además, en torno a la violencia abierta y simbólica a la que vienen siendo sometidos los estudiantes, falsificándoles una realidad y fabricándoles unas esperanzas, que en muchas ocasiones están ajenas a sus contextos socio-económicos. Para ello debemos rediseñar el currículo para preparar al estudiante a pensar críticamente sobre la sociedad.

• Desarrollar al máximo el modelo de Escuela de la Comunidad. Este ha sido definido como una comunidad de estudios integrada por sus estudiantes, su personal docente y clasificado, los padres de los alumnos y la población a la que sirve y que – consideramos -- requiere indispensablemente que cuente con autonomía curricular y docente – sobre todo -- administrativa y fiscal y que la organización y administración sea democrática.

• La administración escolar debe ser convertida en una organización facilitadora en lugar de una organización que impone, enjuicia y sanciona. Su ofrecimiento curricular debe ser descentralizado de manera que el plan curricular pueda ser diseñado sobre las necesidades particulares de los diversos sectores que componen la sociedad. Por ejemplo, el currículo debe considerar establecer un plan ajustado a las necesidades del estudiante. Las clases pueden ofrecerse en la mañana para aquellos que trabajan por la tarde y en las tardes para los estudiantes que trabajan en la mañana.

Otro ejemplo puede ser la integración de la educación académica y la vocacional que permita crear situaciones donde los estudiantes puedan aprender a utilizar las herramientas y materiales cognitivos y conceptuales en actividades prácticas y auténticas. Siguiendo la propuesta original, este tipo de ofrecimiento debe estar acompañado por una base de reflexión crítica/social para permitir al estudiante la comprensión de la cultura industrial y su relación con la justicia y la equidad democrática.

Finalmente, recomendamos la producción de una filosofía educativa que sea definida por los padres, estudiantes, maestros y otros componentes de la comunidad con verdadera visión pedagógica y compromiso con el país y la formación de una juventud libre y pensadora.

Capítulo 3
Las Tecnologías de la Explotación

La historia cuenta que cuando el general Eisenhower se retiró del Ejército de los Estados Unidos se unió a la Universidad de Columbia, en Nueva York, como su presidente. En una ocasión, observando el exterior desde su oficina preguntó por las razones por las cuales en el medio del verde jardín del campus había un camino improvisado, cuando por los laterales había construido un camino en cemento para el paso de los estudiantes. Se dice que un ayudante le dijo a Eisenhower que el camino había sido improvisado por los estudiantes como atajo para acortar su trayecto de un lado de la universidad al otro. El ayudante le planteó al nuevo presidente que la comunidad universitaria esperaba que él resolviera el problema, a lo que Eisenhower respondió con un sencillo "ya tengo el problema resuelto. Pongamos el jardín por donde esté el camino cementado y construyamos el camino cementado por donde está en jardín".

Los mensajes de control están esparcidos por todo el espacio social. Siempre lo han estado. Surgen como un medio de fortalecimiento y supervivencia de los grupos que dominan y van dirigidos a los grupos a los que pretenden dominar. Vienen de parte de aquellos que quieren que las cosas queden como están o de aquellos que quieren que sean distintas. Los mensajes no se ven pero se reciben, penetran nuestra conciencia pero no se reconocen y nos conducen a determinadas acciones que pensamos que fueron producto de nuestra voluntad cuando no ha sido así.

Generalmente, el fin del mensaje lo determina el emisor. Se trata de vender una idea, un producto, o lograr determinada conducta del receptor mediante la convicción o la coacción. De aquí puede colegirse la magnitud del poder político o social que puede tener un discurso bien empleado y del poder que puede ganarse aquel que domina los medios. Bien importante resulta el que el mensaje adquiera un poder de convencimiento en si propio, impregnándole galardones de veracidad absoluta, algo que en ocasiones ni los propios emisores están consciente de que existe. Es cuestión de detenerse y observar críticamente el espectro social para reconocer que existen estos mensajes de control, aunque hay que tener el ojo de la conciencia bien desarrollado para ello. Cuando lo hacemos, vemos esos mensajes de control en las prácticas cotidianas, en los valores destinados a mantener el orden establecido en las sociedades, en la arquitectura de los edificios mediante el diseño de éstos, en los actos de coacción, en la violencia, en los prejuicios y en las creencias. Vienen desde las instituciones formales, las informales, las iglesias, las leyes y ocurren como parte de la educación formal, la informal, la indoctrinación religiosa, la socialización familiar, las costumbres y las tradiciones. Los mensajes están en el aire como está el oxígeno. Y ha sido así desde los comienzos de la historia de la humanidad. Los mensajes de control han logrado trascender los tiempos y a esta altura de mi vida – contando desde que vi el primer televisor – tengo que reconocer se han fortalecido como un tsunami.

Las estrategias que utilizan los emisores son sustancialmente similares, pero la tecnología que utilizan en general es más sofisticada. Las tecnologías han avanzado, pero los propósitos de control siguen siendo los mismos. Lo irónico es que, mientras por un lado los mensajes de control están pegados en el oxígeno social que respiramos, se nos hilvanan a la vez historietas paralelas para hacernos creer que el oxígeno es puro, que las vidas nuestras transcurren con relativa libertad, de conducta y pensamiento. Que las decisiones que tomamos han sido producto del ejercicio libre de nuestra conciencia y voluntad y no producidas o modificadas por esos mensajes y que la vida que construimos con nuestros esfuerzos es nuestra y el producto de ella, para nuestro sólo disfrute. Solamente, cuando me dedico a repasar el producto de mi trabajo y esfuerzo, es que repito con el agrio mal sabor de mi estómago que he estado trabajando toda mi vida para beneficio de quienes menos lo imaginaba.

Para poner lo anterior en perspectiva, quisiera relatar la historia siguiente:

Allá para finales de la década del 1960, cuando el movimiento hippie estaba en su apogeo y la juventud general se revolucionaba en contra de la guerra de Viet-Nam, por primera comencé a tomar conciencia de la existencia de los mensajes de control. Estos emanaban como melodías sugestivas desde un tipo de tritones y sirenas muy especiales. No se trataba de esos seres marinos mitad humano y mitad pez. Estas nuevas sirenas estaban sobre terreno sólido, pisando el suelo universitario. Hasta ese momento, ni tan siquiera había considerado que nuestra vida universitaria pudiera estar influenciada por las voluntades detrás de muchas de las melodías bien entonadas e inteligentemente planificadas que partían de todos lados, desde la facultad y del estudiantado mismo hasta de la administración de la Universidad y que entraban fácilmente por nuestros oídos, como ocurría con los argonautas de las viejas fábulas griegas. Las melodías iban dirigidas a atacar la voluntad del receptor. En particular, me llamaban la atención en mayor grado las melodías que provenían de los grupos de la izquierda política que pretendían organizar la protesta arrojando consignas y compeliendo al estudiantado al uso de la fuerza bruta en un arrebato de estulticia y la suspensión del poco juicio que tenemos. Percibí, entre mis compañeros universitarios, el mismo efecto que tenían las melodías en los navegantes griegos.

Se trataba de un liderato ideológico de la izquierda marxista revolucionaria que buscaba y, generalmente conseguía, poner a cantar a muchos de los compañeros universitarios a nivel de los Niños de Viena. Estos compositores poseían las artes de la manipulación tan bien desarrolladas que, al compararlas, la mano de un neurocirujano se vería torpe. Eran voces bien adiestradas y máximamente creativas, como las que poseen los impresionistas más finos. Sus composiciones lograban dejarse sentir con sutileza en todo el entarimado de ideas individuales, las que se disolvían en una acuarela ideológica colectiva que se fortalecía en la dejadez y debilismo de controles que, precisamente, producía el sentimentalismo embriagante del momento que se había creado. Estos modernos cánticos ciertamente arrebataban la última energía de juicio y compelían a muchos a incurrir en el acto improvisado de accionar acríticamente y hasta de manera violenta, en ocasiones. Reconocer eso para mí ha sido siempre un dolor de cabeza porque, para este ser, la actividad de emitir juicio sobre el universo que nos rodea la considero como una de las actividades más naturales en nosotros los humanos e imposible de renunciar por voluntad propia.

Generalmente, la intención de la letra en las melodías de los tritones y las sirenas universitarias era fácil de distinguir pero también había mucho de oculto. La entrelínea estaba muy difusa con los mensajes ideológicos muy atractivos para la juventud universitaria. El reclamo que encarnaban las melodías se dirigían, por ejemplo, hacia la libertad política, la justicia social, la igualdad humana y el respeto hacia los derechos civiles. Aún hoy día, si es que nos tomamos el tiempo, veremos que todos estos mensajes están muy presentes en las hojas de contenido de los discursos retóricos de los universitarios, en particular entre aquellos que piensan que el mundo social puede transformarse con un mero empujón, un grito de guerra o una marcha multitudinaria. Tiendo a recordar las innumerables ocasiones en que compañeros de estudios montaban un espectáculo frente a las oficinas de los rectores y administradores universitarios para querellarse, por ejemplo, de las condiciones particulares de la biblioteca, de un posible aumento en la matrícula, del programa de clases, de las pobres facilidades deportivas del recinto, de la guerra de Viet-Nam, del imperialismo norteamericano, entre muchas otras razones que el liderato estudiantil nos ponían de frente para provocarnos a cantar sus melodías de protesta. Lo cierto era que en medio de la algarabía era muy difícil percatarse de la verdadera letra de la composición. Eso era así porque en la emoción con la que nos envolvían las melodías encantadoras, no se presentaba la letra muy evidente a la conciencia. La música de las trompetas de los tritones y las melodías de las sirenas era muy bien trabajada.

Recuerdo que, para aquella época, el producto de control entraba como credo manipulativo por mis oídos. Fue aquí que, por primera vez, tropecé con lo que mis antepasados me habían dicho en el sentido de que todos los seres humanos somos seres inteligentes y que con voluntad podíamos realizar todo lo que nos propusiéramos hacer. Pensaba, ciertamente se me había hecho creer, que la voluntad del ser humano era tan fuerte como fuerte era su carácter. Que cuando había un propósito en mente, la voluntad fuerte repechaba la jalda hasta alcanzarlo. Pero, desde aquel tiempo, lo comencé a dudar. Comencé a reconocer que la voluntad del ser humano es tan fluida como el agua y tan dura como la espina de una lombriz.

Para aquella época, el grupo de jóvenes marxistas pretendía, no solamente utilizarme para sus propósitos -- de los que no estaba aún consciente -- sino que estaban utilizando a una vasta mayoría de mis compañeros universitarios. Blandiendo el discurso tradicional del partido de izquierda, ese liderato impregnaba algarabía y la excitación, provocaba la pasión irreflexiva de la masa juvenil de manera que se activara en contra del liderato institucional y del orden establecido en general. Fueron muchas las actividades de oposición que se suscitaron para aquella época. Muchas fueron las cabezas rotas por el golpe de los rotenes policíacos. Muchas fueron las ventanas de vidrio de los automóviles que se destruyeron y muchos los salones que se invadieron en toda la universidad para romper el ambiente y la vida serena de estudio.

Pero, sinceramente, no fue eso lo que más llamó mi atención. Lo que ahora me baja por la garganta como un trago de lejía es recordar el momento en que los miembros de ese liderato, luego de agitar a las masas estudiantiles y conseguir que se activaran, procedían a retirarse del frente de batalla y el tumulto y desde una lejanía privilegiada y bien protegida se dedicaban a observar los actos de protesta – muchos de violencia y de vandalismo – que se suscitaban frente a sus ojos. Más ira me provocaba rememorar a la fuerza de policías llevándose arrestados a los menos indicados. Pero, ¡sorpresa! Precisamente, el inicio de los arrestos representaba la señal para que ese liderato comenzara a moverse nuevamente al frente de la bulla para estar presentes ante las cámaras de televisión y los reporteros de los distintos medios y periódicos, que llegaban a reseñar el espectáculo. Desde ahí, ese liderato ideológico levantaba toda una hojarasca de denuncias en contra del atropello institucional que habían sufrido. Ninguno de ellos, sin embargo, había recibido ni tan siquiera una amonestación de un policía y mucho menos un estrujón como los que recibían mis otros compañeros. Pero, reclamaban justicia a viva voz y denunciaban con voz de Júpiter tonante, la violencia institucional y las injusticias del sistema político.

Doce años más tarde, cuando me desempeñaba como periodista, me di cuenta de que lo que podía aparecer como una táctica temporal, se trataba realmente de una estrategia o modo permanente de hacer las cosas. Para el 1980, me correspondió reseñar las incidencias de una huelga estudiantil en mi 'Alma Máter'. De inmediato, percibí que las prácticas de ese liderato estudiantil no habían cambiado. Sinceramente, ello no me sorprendió en lo absoluto. Producto de la experiencia que he relatado, reconocí que ser líder es más conveniente que ser seguidor. Que es más conveniente excitar a las masas para que lancen piedras, que lanzarlas uno mismo y, por consiguiente, estar expuesto a que una piedra de respuesta – o un macanazo oficialista –

irrumpa en nuestra cabeza. También había conocido el poder de las melodías y todo lo que uno puede lograr con ella, como por ejemplo, lograr una determinada conducta colectiva irracional y ponerla a disposición de nuestros intereses. Solamente había que poseer las artes de la composición con el efecto de las que cantaban las viejas sirenas del Egeo. Todo estaba igual.

Los hábitos y la producción de necesidades: varios ejemplos.

Los mensajes mágicos recorren todo el universo del medio publicitario. Mensajes como "hay cosas que el dinero no puede comprar, para el resto existe MasterCard", "La Vida acepta Visa", No salgas de tu hogar sin ellos- American Express Cheques de Viajero" y "La tarjeta es la llave- Diners Club", se han convertido en parte de nuestro léxico cotidiano por el número de ocasiones que los hemos escuchado. Todas estas campañas van dirigidas a comprimir en uno solo los actos de voluntad de consumo y de felicidad, esto es: entre más consumo más feliz soy. Un caso bien común es el de vernos consumiendo un hamburger y sintiéndonos felices, como si en los hamburger estuviera encerrada la felicidad personal. Repasemos un poco de historia.

Cuando las instituciones bancarias y el comercio iniciaron su proyecto de conversión de una economía líquida y de débito a una de tarjetas plásticas y crédito, las emisiones que hacían los bancos de esas tarjetas plásticas – Visa- MasterCard, etc. -- se contaban por miles, si no por millones, y no había tipo alguno de restricciones mayores para obtenerlas. Las tarjetas circulaban por doquiera como abejas libres. Estaban disponibles por todos los lugares donde el comercio era la práctica diaria. Era común y corriente que en el buzón de correo de cualquier residencia apareciera en cualquier día un sobre – ordinariamente del banco donde se tenía la cuenta de cheques – conteniendo alguna de estas tarjetas crédito – Visa o MasterCard – que, inclusive, nunca se había solicitado. La recibían todos: aquellos que estaban empleados, aquellos que estaban desempleados, los que tenían dinero, lo que no tenían, los blancos, los negros, los gordos, los flacos, loa casados, los solteros, en fin, virtualmente todo el mundo. Junto a la tarjeta, se acompañaba una carta firmada por algún gerente que le llenaba ojos y oídos del recipiente con halagos, diciéndole lo buen cliente que era, y cantándole melodías sobre las magias que se podía hacer con la tarjeta. De hecho, para esa época, la tarjeta era gratis, no había cargos anuales, ni recargos ocultos. Solamente, se cargaba por los intereses del dinero que se consumía en crédito.

Para tener una idea más clara de lo que decimos, veamos cuales son las cuatro principales corporaciones que emiten estas tarjetas, a saber: Visa, MasterCard, American Express y Discovery Club.

La Visa fue incorporada en el estado de Delaware en el 1970 por la empresa National BankAmericard Inc. Visa tiene suscritos en su sistema a más de mil millones de tarjeta habientes y más de 24 millones de locales y comercios adheridos. Además ofrece servicios en más de 760,000 ATM en 170 países del mundo. Para el 1997, 27 años después de su incorporación, Visa alcanzaba ventas por un trillón de dólares y ya para el 2001, cuatro años después, el volumen de ventas alcanzaba los dos trillones de dólares.

Según su página oficial, para diciembre del 2013, las cifras cambiaron extraordinariamente: ahora posee 14,400 clientes comerciales; 2.1 millones de ATMs, está presente en 200 países y territorios con 2.2 billones de tarjetas con las que hace 47,000 transacciones por segundo para un total de 91.6 billones al año, por un valor de $7.0 trillones

Por su parte, MasterCard fue creada en el 1967 por el United California Bank, que luego pasó a ser el First Interstate Bank. Este posteriormente se unió a la Wells Fargo y al Bank of California. Luego de subsecuentes fusiones fue creado la organización Master Charge: The Interbank Card. En el 1979, el nombre se quedó solamente como MasterCard. Las ventas de MasterCard fueron de $3.3 billones en el 2006 con ganancias netas de $457 millones, aproximadamente. Actualmente, posee 4,300 empleados.

Al 2011, tenía expedidas sobre 13,4 millones de tarjetas y, según la agencia de noticias Reuter, la empresa reportó un crecimiento de los ingresos netos en 16% en ese año, o $2,200 millones, mientras sus ganancias netas se elevaron a $763,000 millones de dólares, o de 14%, gracias a que más personas a nivel global usaron sus productos en lugar de efectivo.

La empresa American Express es la más antigua de todas. Esta fue fundada en el 1850 en Buffalo, Nueva York. Para el 2006, la venta era de $27, 000,000 millones con una ganancia neta de $3,700,000 millones. American Express cuenta con más de 65,800 empleados.

Al presente, existen alrededor de 5 billones de estas tarjetas de crédito. Se realizan 10,000 transacciones por segundo. Sepan que tiene una tarjeta de crédito hecha de oro, con incrustaciones de diamantes y una perla. Se llama Visa Infinite Exclusive, su precio es $100,000 dólares y uno de sus muchos beneficios es que no tiene comisiones por pagos atrasados.

La cuarta, entre las mayores empresas de este tipo, lo es la Discovery Card que fue creada por la también poderosa Sears en el 1985. Discovery posee unos 12,000 empleados para atender a más de 50 millones de tarjeta tenientes.

En medio de estos procesos, aparecieron las máquinas A Toda Hora, ATM bajo la nomenclatura americana, cuyo uso era gratuito. Y ocurrió lo mismo. Luego de haber habituado a la gente a su utilización, aparecieron los cargos. Mediante estas máquinas, el usuario puede hacer más accesible el uso de las tarjetas de crédito y de débito, aumentando exponencialmente el uso del crédito y el consumo del efectivo. Para el 2006, los puertorriqueños adquirieron productos por más de $6,000 millones utilizando la tarjeta de débito ATH (ATM) y sobre $900 millones mediante las tarjetas Visa o MasterCard.

Con el propósito de acompañar la campaña de introducción a la tarjeta, la industria bancaria hizo uso de las ya conocidas campañas de publicidad. La banca infectó a todos los medios con anuncios promoviendo el uso de la nueva tarjeta de crédito, obviamente, resaltando el consumo de bienes y la felicidad que ello conllevaba. Todavía lo hace así. Para tener una idea, el presupuesto dedicado a la publicidad, tanto de la tarjeta propiamente como la de los productos que pueden adquirirse mediante la presentación de la tarjeta, se cuenta por millones de millones. Un dato del 2008 de Júpiter Media Metrix's AdRelevance, establece que solamente en anuncios a través de la Internet, la publicidad de tarjetas y productos que pueden adquirirse a través de ésta, alcanzó en un cuatrimestre la alarmante cifra de los $15.4 billones.

El objetivo de la banca se cumplió. La idea de insertar al mayor número de personas en el nuevo esquema de crédito mediante tarjetas plásticas era una realidad. Para la segunda mitad del siglo pasado, la idea de poseer una nueva tarjeta de crédito era miel sobre hojuelas y se nos había puesto hasta pensar que – por primera vez en la historia – la banca se había enternecido con su clientela y le estaba extendiendo la mano amiga. Pero, eso era mucho pedir. Pensar así era ir en contra de la naturaleza de la banca. Pero no fue así. Una vez se había habituado a la gente al uso de la tarjeta y culturalizado a todo el mundo de que era provechoso pagar las compras con tarjeta, la banca se develó y trajo a la luz pública nuevas restricciones para adquirirla y los cargos de usurería que no se habían anunciado originalmente aparecieron.

La invención nueva era el 'revolving charge' y el interés compuesto. El mecanismo del 'revolving charge' permite adquirir en crédito todo lo que desees de un número de tiendas por todo el planeta. Mientras pagues un mínimo mensual podrán seguir comprando y comprando sin problemas hasta alcanzar el límite de crédito que se te ha extendido. El 'revolving charge' permitía al cliente adquirir productos y servicios mediante la sencilla presentación de la tarjeta de crédito. Son muy pocos, los consumidores que toman conciencia de que el modelo de compra y pago, lo ata permanentemente a la deuda, la que virtualmente nunca se reduce y mucho menos se acaba.

El interés compuesto es muy particular. Se distingue del interés simple en que el monto a pagar se determina a base de la deuda que tienes pendiente a fin de cada mes. En el caso del interés simple, si tienes una deuda de $100 al 10% pagarías al final $110, es decir, $100 por el principal y $10 de intereses. En el caso del interés compuesto, la cosa varía sustancialmente. Si tienes una deuda de $100 al 10%, al primer mes pagas $10 de intereses más lo que quieras abonar al principal. En caso de que abones otros $20, para un total de $30, contando los $10 que pagaste en intereses. Al mes siguiente, la notificación te vendría por $90 sobre los que pagarías el 10% de intereses, o sea, $9. Esta cadena seguirá mes por mes por años y años hasta que no tomes acción para terminar con la deuda del principal. Muy a su conveniencia, los bancos establecen un pago mínimo tan bajo que a la mayoría de los usuarios de las tarjetas les tomaría hasta 20 años en pagar la deuda. Un ejemplo es el siguiente. La deuda promedio de un los residentes de un hogar en los Estados Unidos en tarjetas de crédito es de $8,500. Si la persona hace el pago mínimo de más o menos $150 al mes, a un 21% de interés compuesto, le tomaría 258 meses en terminar con la deuda, esto es, 21 años. Finalmente, la persona terminaría pagando $38,000 por una deuda de $8,500. Los casi $30,000 sería el pago por los intereses.

Veamos otros ejemplos sobre lo que encierran escondidas las tarjetas de crédito:

Cuando la banca y las compañías de crédito ofrecen intereses bajos y hasta un 0% de interés como una oferta de suscripción a la tarjeta de crédito, usualmente lo hacen por un tiempo limitado. Escasamente, la oferta cubre varios meses o quizás hasta un año. Pero, ¡cuidado! Cuando se vaya a firmar un acuerdo de esta naturaleza, lea en detalle las letras pequeñas de calce porque en estas puede estar escondida la sorpresa más grande que haya recibido, una que obviamente le costará mucho dinero en penalidades e intereses y le engarzará con la tarjeta virtualmente para siempre. Otra técnica de las compañías de crédito es el ofrecimiento de un interés reducido o de 0% en transferencias de balances de una tarjeta de una institución a otra. A primera vista, la transacción parecería conveniente pero, nuevamente, hay que leer las palabras de calce porque puede haber compromisos que hay que asumir que no son, necesariamente, un buen negocio. Por ejemplo, hay casos en que el banco que transfiere cobrará una penalidad de un 3% del balance que sale de su institución. Segundo, el interés reducido podrá ser por un tiempo reducido y al término, posiblemente, el por ciento de interés que aplique sea astronómico. ¡Hay que cuidarse!

Otro asunto que hay que tomar bien en serio es el del pago mensual. Un atraso de un día puede costar entre $30 o $40 de multa y el peligro de que el interés que pague aumente más allá del 30%. Si, a su vez, se ha sobrepasado el límite de crédito habría que pagar otra multa similar. Esto es, por un solo día de atraso y solo un dólar sobre el límite del crédito, un tarjeta-teniente podría pagar hasta $80 de multas y un aumento en el por ciento de interés. Desde 1989 a 2004, el por ciento de usuarios de tarjetas que incurren en gastos por pagos atrasados de 60 días o más aumentó de 4.8% a 8%. ¿No es esto un buen negocio para la banca?

Otra táctica de las empresas de tarjetas de crédito ha sido el aumentar la tasa de interés arbitrariamente y sin tomar un tiempo razonable para notificar a los clientes. Gracias a que el Presidente Obama y el Congreso de los Estados Unidos aprobaron en el 2009 legislación en contra, la práctica fue abolida.

Los dueños del mercado, de la vida y de la tranquilidad

En poco tiempo, la tarjeta se quedó con el mercado mundial y comenzó a mover millones de millones de dólares por toda la cadena económica. De hecho, hoy día, una de cada tres transacciones comerciales en el mundo se realiza mediante una tarjeta de crédito. La expansión del uso de las tarjetas de crédito ha sido tan arrollador que en Rusia se ha acuñado una expresión que sostiene que los individuos están compuestos de tres partes: el cuerpo, el alma y las tarjetas de crédito. Las estadísticas indican que hay más de 500 millones de tarjetas emitidas por bancos y 800 millones de tarjetas emitidas por otras instituciones no bancarias lo cual se traduce en un promedio de cerca de 7 a 8 tarjetas por familia.

Se estima que en Estados Unidos más del 70% de las familias posee una tarjeta de crédito bancaria y sobre el 40% tiene más de 3 tarjetas de crédito bancarias. Entre 1989, 2006 y 2,009, la deuda de tarjetas de créditos aumentó casi cinco veces para los norteamericanos. La deuda promedio por tarjeta por hogar aumentó de $2,768 a $5,219 y a $8,500, respectivamente. A pesar de este endeudamiento, en 2006 uno de cada tres hogares reportó que usó una tarjeta de crédito para pagar gastos básicos como renta, hipoteca, alimentos, luz, agua o seguro médico. ¡Qué mejor prueba de la efectividad de la estrategia!

El grupo poblacional más afectado, según algunos investigadores, es el de las personas de 65 años o más. Aunque las tarjetas de crédito han provisto a muchos hogares con una válvula alterna económica para manejar la reducción en sus ingresos o los gastos de emergencia, esta deuda usualmente agrava las penurias económicas a largo plazo en vez de aliviarla, ya que las prácticas de las principales tarjetas de crédito se han tornado cada vez más punitivas y costosas, señalan los investigadores. Pero la población de 65 años o más no es la única en la mirilla de los banqueros de tarjetas. De acuerdo con la revista American Demographics, para la edad de 21 años, una persona joven ha experimentado más de 23,000,000 impresiones de publicidad relacionadas a las tarjetas de crédito. Para su cuarto año de universidad, el joven posee cuatro tarjetas de crédito y $3,000 en deudas entre todas ellas. Para los 30 años, la deuda habrá aumentado en un 70%, hasta los $5,200.

Nosotros los puertorriqueños no nos quedamos atrás. Al cierre del año fiscal

2006, según datos de la Junta de Planificación y publicados en la página Tendenciaspr.Com, la deuda acumulada por los consumidores puertorriqueños ascendía a $21,468 millones. Esa deuda fue crecimiento consistentemente desde el 1997 cuando era de $15,300 millones. El grueso de la deuda era con bancos comerciales, con unos $7,132 millones, seguida de la deuda con compañías de venta condicional que ascendió a $5,617 millones. Éstas son empresas que otorgan líneas de crédito para la compra de muebles, enseres del hogar y otros artículos de consumo. La cantidad adeudada a bancos foráneos, se estima, podría ser igual o mayor debido a que cerca de la mitad de las tarjetas de crédito activas en el país son de bancos estadounidenses. Adeudaban, además, a la banca comercial $2,480 millones en préstamos para la compra de automóviles y otros $348 millones a las cooperativas. Con relación a las tarjetas de crédito exclusivamente, según la Junta de Planificación, al cierre del tercer trimestre del año fiscal 2007, los consumidores puertorriqueños adeudaban $1,576 millones a la banca comercial local y otros

$120 millones a las cooperativas de ahorro y crédito.

Hagamos un ligero diagnóstico al 2012:

El 29.2 por ciento de los hogares puertorriqueños vive con menos de 10,000 dólares anuales, en un territorio donde cerca de 48% de la población se sitúa bajo el nivel federal de pobreza.

Unos 484,000 hogares de la isla, el 36.7 por ciento, son beneficiarios del Programa de Asistencia Nutricional (PAN). La dependencia de fondos externos, no producidos por la sal de nuestra frente, es bochornosa. Y lo horrorizante es que nos congratulamos con las noticias de que este año vendrán más fondos federales que aumentarían esa dependencia.

El 56 por ciento de los menores en Puerto Rico vive en la pobreza, más del triple que en Estados Unidos.

Puerto Rico es además la jurisdicción estadounidense con el número más alto de adolescentes que ni estudia ni trabaja, situación en la que se encuentra el 14.6 por ciento de ese grupo.

En Puerto Rico solo trabaja un 25 por ciento de la población, lo que tiene graves consecuencias para el desarrollo económico de la isla caribeña.

La deuda acumulada al 2012 por los consumidores puertorriqueños ascendía nada más y nada menos que a $22,500 millones y la del gobierno ronda en los $70,000 millones.

Sin crédito eres nadie

Muy convenientemente, el mensaje ideológico de la banca ha sido el que hay que proteger el crédito tanto como hay que proteger la vida. La protección del crédito forma parte del mismo mensaje de consumo del que hemos hablado anteriormente. Las tarjetas plásticas, los préstamos de todo tipo y los intereses – simples y compuestos – son una invención de la banca y del capitalismo en general para beneficio suyo. Lo mismo se trata del crédito. En el capitalismo hay que vender todos los días y si el consumidor no tiene dinero, hay que hacerle fácil la compra. Pero lo que es una responsabilidad para el capitalismo, lo ha vertido en el consumidor: el crédito. La banca, el mercado y el capitalismo en general han reordenado la realidad mediante el acceso continuo y constante en los medios.

Hay una ley no escrita que sostiene que el capitalismo necesita crecer continuamente porque de lo contrario se ahogaría. Ello le exige producir hoy más que ayer y mañana más que hoy. Entonces, para poder sobrevivir, el capitalismo necesita garantizarse ventas. Ello lo hace capacitando al consumidor con todas las herramientas posibles para que pueda adquirir todo tipo de productos, al costo que sea, sin que necesariamente tenga que desembolsar de inmediato un solo centavo. De ahí que la banca y el comercio necesiten de todo tipo de fórmulas. Una de éstas lo es el crédito, que fue un invento del capitalismo como lo son ahora las tarjetas plásticas de todo tipo. Unas de las características del capitalismo es la capacidad que tiene de crear sus propios instrumentos de sobrevivencia y tiene que mantenerse evolucionando en búsqueda de nuevas vías para explotar el consumo. El mejor ejemplo es el siguiente:

La tendencia del capitalismo de buscar las preferencias del mercado y producir sus productos conforme a estas preferencias es cosa del pasado. Ello no aplica por más tiempo. En un momento dado, el capitalismo se orientaba hacia la producción. Luego, se reorientó hacia el consumo y el consumidor. Por ello, estableció la ecuación de construir mecanismos para medir las preferencias de éstos y satisfacer los deseos del mercado potencial. Al presente, el capitalismo ha vuelto a reorientarse, logrando invertir la ecuación. Hoy día, no se va tras las preferencias del consumidor potencial. Ahora, el objetivo es crear la necesidad y disponer el ánimo del consumidor potencial hacia el producto. Con esta táctica, el mercado no respeta ni aquello más íntimo en nosotros los individuos como lo es nuestra subjetividad y nuestros deseos. Ahora, nos crean la necesidad para garantizar la venta. El producto se diseña respondiendo a las necesidades particulares del productor y no del consumidor. Esto se llama dirigismo o mejor dicho control. La estrategia ha sido totalmente exitosa. En Puerto Rico, en términos de consumo personal, lo hacemos como los locos. Según la página, Tendenciaspr.Com., al 2006, los puertorriqueños consumimos en total la friolera de $49,579 millones. Al igual que la deuda, el consumo fue creciendo en los pasados 20 años. Para el 1997, el consumo de los puertorriqueños se estimó en $30,010 millones. En orden de magnitud, los puertorriqueños consumieron más en servicios médicos y funerarios ($7,935 millones), vivienda ($7,499 millones), alimentos ($6,990 millones), transportación ($6,404 millones), funcionamiento del hogar ($5,929 millones) y recreación ($4,801 millones). Interesantemente, los puertorriqueños consumieron más en la compra de bebidas alcohólicas y productos de tabaco ($1,802 millones) que lo que consumieron en educación ($1,687 millones).

Otra reorientación del mercado orientado hacia el control se basa en el diseño de la expectativa de vida del producto. En el pasado, parte de la competencia del libre mercado, lo representaba la longevidad del producto. Un producto con altas expectativas de vida era mercadeado como uno de calidad superior. Pero, el canibalismo capitalista descubrió que la longevidad atentaba en contra de sus propios intereses. A mayor longevidad de un producto, menos necesidad de adquirir un reemplazo. Y de ahí, menos ventas. Al presente, la longevidad es anatema. Ya no se menciona en los anuncios publicitarios. El diseño de productos ha variado de uno de mayor precio de venta y longevo a uno menos costoso y de vida más reducida. Al día de hoy, el diseño del producto contempla la expectativa de vida del mismo, eso es, al momento de diseñar el producto se diseña también su vida útil. La venta por volumen se ha convertido al presente en la fórmula preferente del mercado, en lugar de la venta de producto de calidad y de mayor precio. Hoy día, el diseño del producto no permite ni tan siquiera repararlo porque resulta más costosa la reparación que la adquisición de uno nuevo.

Otros ejemplos de control social

Para ir hasta la ciudad de San Juan desde mi natal Cidra se puede tomar la Autopista Las Américas. En el trayecto hay dos peajes, pero hace unos años atrás en uno de ellos en particular, las autoridades de carreteras decidieron instalar un equipo que denominaron el Auto Expreso. Este equipo permite atravesar el peaje a través determinados carrilles sin que haya que detener el vehículo para hacer el pago correspondiente. Para tener ese libre acceso, el conductor tiene que haber adquirido una calcomanía y haber pagado con anticipación los derechos de uso. Con esa medida, las autoridades confiaban despejar el tráfico que se congestionaba en los carriles de ordinario cuando los conductores se detenían para depositar las monedas del peaje o para solicitar cambio de dólares por monedas. Lo lógico y razonable para el visitante de cualquier planeta es que el número de carriles de auto expreso fuera mucho menor que el de carriles de ordinario. La razón es que si los conductores tienen detenerse en los carriles de ordinario, pues se cree una mayor conglomeración de automóviles que en los carriles expreso, donde no hay que detenerse sino reducir la velocidad. Pero, la lógica no funciona así. Las autoridades determinaron abrir un mayor número de carriles donde no hacía falta: en los auto expreso – y redujeron a un mínimo los carriles de ordinario. ¿Cuál fue la consecuencia? No hay que tener dos dedos de frente para concluir que el congestionamiento en los carriles de ordinario era inmenso. Los dolores de cabeza y la ira de los conductores que hacían uso de esos carriles eran evidentes y sonoros – y la razón la tenía – sobre todo cuando observaban desde la larga cola el paso continuo y constante de aquellos conductores que habían adquirido la calcomanía y utilizaban los carriles auto expreso.

Al ojo común y corriente, la determinación de las autoridades de carreteras, era ilógica y estúpida. Para el ojo del buen entendedor, la acción estaba clara como un estudio de rayos x. Para estos ojos, la acción de las autoridades era obtener unos resultados. Su objetivo era conseguir unas modificaciones en la conducta de los automovilistas que utilizaban los carriles de ordinario y que el cansancio y la molestia que les provocaba las largas colas, los indujera a adquirir la calcomanía. Era, nada más y nada menos que la aplicación de la teoría pavloviana del acondicionamiento operante. Al conductor ver las caras de satisfacción de los conductores del auto expreso y su incomodidad, pues modificaran su hábito. ¡Y resultó! Cada vez hay más conductores adquiriendo la famosa calcomanía. Pero fue clara la acción del control de parte del poder administrativo. Bourdieu y Passeron (1977) han dicho que los hábitos son disposiciones subjetivas que reflejan un gusto de clase social, conocimiento y conducta permanentemente inscrita en el cuerpo y los esquemas de pensamiento de toda persona en desarrollo. Pero esos hábitos, que se crean individualmente pero que pueden crear cultura, también pueden ser provocados, producidos y hasta previamente diseñados. Esto es un sistema que no se impone asimismo sobre el que está opresivo, sino que viene como producto del desarrollado de la misma persona.

Otro ejemplo de control social proviene del mercado de las aseguradoras. Las compañías de seguro no te dejan ver el listado de las medicinas que puedes adquirir al suscribir un seguro médico. Y ello parece ilógico, pero nada de ilógico tiene la acción. El propósito es que primero de ver el listado suscribas el seguro y asumas un compromiso legal de manera que estés atado a ello. Luego de que firmas el contrato puedes ver la lista y solamente entonces te encontrarás con la sorpresa de que las medicinas a las que tienes derecho son las que no necesitas de ordinario. Aquellas que necesitas, que son las más costosas, no están incluidas en el listado, pero ya es muy tarde para arrepentirte.

Otro ejemplo el siguiente: Con los avances en la tecnología de las comunicaciones, las empresas han adoptado un sistema para manejar las llamadas telefónicas que le entran mediante un sistema automatizado. Las llamadas son recibidas por una grabación, primordialmente, de una fémina con voz dulce y suave que dirige al llamante a través de las distintas extensiones telefónicas de la empresa. El llamante puede seleccionar la extensión que busca cuando guste si es que la conoce. Las empresas han mercadeado este servicio de manera que el llamante se sienta bien atendido y entusiasmado que es así cómo la tecnología puede acelerar lo que antes era un dolor de cabeza. Pero, no todo es tan sencillo. Las empresas han organizado el sistema para identificar dos grandes grupos de llamadas, a saber: aquellas a las que es conveniente que la empresa atienda de inmediato, i.e. que le implique ingresos y aquellas que prefieren posponer porque requieren servicios que le implique costos. Cuando las corporaciones dan su número teléfono para que se llame y se entusiasma con el beneficio que produce el uso de la nueva tecnología, para que se reclamen derechos cuando no se está satisfecho con el servicio que ofrecen o se tiene alguna queja, la persona se encuentra con la realidad de que nunca hay líneas disponibles, que no hay suficientes personas atendiendo, y ponen a esperar y esperar hasta en cansancio. Lo que buscan y logran en una gran mayoría es que la persona se frustre y cuelgue el teléfono. Pero lo contrario sucede cuando se trata del uso de la tecnología para que se paguen las deudas. Para ello, hay líneas disponibles siempre y personas ansiosas por atender al público. Vemos aquí como se control nuevamente la voluntad del llamante.

En el pasado, el automóvil se podía cambiar la luz trasera cambiándole solamente una pequeña bombilla que te costaba unos centavos. Pero ya no es así por más tiempo. Ahora, cuando se funde una de las luces traseras de tu automóvil hay que adquirir todo el montaje plástico que cuesta siempre algunos cientos de dólares. Experiencias como éstas se cuentan por cientos y cientos en nuestra sociedad controlada.

¿Qué hay detrás?

¿En dónde encontramos el intento del control social en todas estas experiencias? ¿Podríamos decir que detrás de todas existe una programación ideológica muy bien definida?

De acuerdo con Foucault (1995), a partir del siglo XVIII, nacido con el mercantilismo, se hicieron más claras las presencias de nuevas estrategias de dominio, unas de poder y otras de control. Este las llamó como tecnologías disciplinarias dirigidas a individuos particularmente y destinadas a vigilarlos, controlarlos y adiestrarlos con el objeto de hacerlos dóciles y útiles y las segundas, reguladoras de la vida dirigidas más a regular a los integrantes de los diversos grupos sociales. Ambas, se articulaban generalmente con el objetivo de manipular tanto el ser individual como el colectivo. En otras palabras, aparecen en esta época los diseños para producir modificaciones en la conducta social para satisfacer los intereses de ciertos grupos, no necesariamente de los intereses de la sociedad propiamente, sino de los intereses de los que la manejaban. Y de ahí es que establecemos las definiciones originales del control social. Es decir, los que dominan entrenan o compelen a los ciudadanos a ajustarse a las usanzas y los valores interesados por ellos. Según el autor, algunos controles eran pro-activos y envolvían la manufactura de los ambientes o contextos propios y buenos para desarrollar una determinada y deseada conducta. En otras palabras, los intereses dominantes ponían a funcionar a los individuos a través de unas leyes y regulaciones o de ambientes y contextos que servían de cultivo para conductas potenciales. Así es que, originalmente, la imposición de una determinada conducta o manera cultural – que es impuesta mediante lo que posteriormente se conoció como violencia simbólica – sirvió a los propósitos de los manejadores. Si lo vemos desde otra perspectiva más amplia, vemos cómo el control social buscó uniformar la diversidad tras un proyecto homogéneo, de sincronización, o mejor dicho de 'socialización' o domesticación.

El sistema de control del que hablamos se manifiesta con muchas caras, unas más bonitas que otras, unas más perceptibles que otras, unas más abiertas a la conciencia y otras más ocultas y disfrazadas, otras adentradas bien adentro en las costumbres cotidianas y en los hábitos ordinarios nuestros. Esto es, el poder de control social se hace invisible de diferentes maneras: desde la orden estricta y directa de un jefe, la imposición de leyes y reglas sociales, las amenazas de penalidades en caso de que no se cumplan, el ejercicio de una simple relación de dominio entre un ser humano y otro, entre el esposo con su pareja, hasta en la manipulación del tejido más complejo de interrelaciones, de las prácticas mas rutinarias diarias o de las manifestaciones culturales más acendradas en la sociedad. Nunca deja de sentirse porque lo que está claro es que cuando el control está ejercitado, al menos una persona está siendo manejada. Como tal, los dominados no pueden construir su mundo social conforme les dicte su conciencia libre. Su mundo les está impuesto.

Quisiera explicar un poco todo el asunto. El poder que ejercen los grupos que dominan nuestra sociedad no depende exclusivamente de los poderes represivos que puedan partir desde los diversos bloques de poder. Si fuera así, a éstos se le haría muy difícil sobrevivir permanentemente. En ese caso su poder sería relativamente fácil de derrocar porque bastaría con contrarrestar su fuerza con la que pueda erigir -- a base del número de miembros y de recursos – la fuerza opositora. Frente a ese hecho, los bloques de poder históricamente han preferido no arriesgar su poder en la confrontación, la represión física o la violencia. En cambio, han preferido levantar toda una organización ideológica que pusiera a los grupos sociales a pensar como ellos. El poder capitalista se apropió de la fórmula y desde que se proliferó el uso de la moneda, un tiempo después del cambio del feudalismo al mercantilismo, propuso la ideología en la gestión de conservación y perpetuación del sistema. Es decir, que desde aquel tiempo para acá, el poder no se ha sostenido, principalmente, a base del control de los aparatos represivos sino basado en el poder del convencimiento explícito mediante ideas razonables. Desde entonces no hay razones para que los grupos dominantes quieran entrar en confrontamientos cuando pueden lograr que la gente se someta voluntariamente a su poder. ¿Por qué, en lugar de que los grupos sociales me vean a mí como contraponiéndome a sus ideas, no los coloco en posición de que me vea a mí respondiendo a sus intereses?

Según lo ha dicho Gramsci (1971), el dominio se estableció a través de lo que llamó como "hegemonía". El autor sostiene que la hegemonía es el producto de la imposición de unas ideas, unos estilos y maneras culturales con las que el Estado, en un principio, y luego los grupos de dominio, han logrado impregnar a toda la sociedad porque, como dice Foucault (1995) el poder de dominio no puede ser localizado exclusivamente en una institución o en el Estado, pues está determinado por el juego de saberes que respaldan la dominación de unos individuos sobre otros desde el interior de las estructuras. De acuerdo con Focault (1995) el poder de dominio, al ser una relación más que una acción, está en todas partes y el sujeto no puede ser considerado independientemente de ella. Pero el poder, dice, no sólo reprime, sino que también, produce efectos de verdad y produce conocimiento. Por ello, la responsabilidad mayor de esta tecnología de control ha caído, como dice Althusser (1971), en el sistema educativo, las instituciones religiosas y los medios de comunicación. A través de estos medios, las clases dominantes "educan" a los dominados para que estos vivan voluntariamente su sometimiento como algo natural y conveniente. Con ello, el poder inhibe la potencialidad revolucionaria que pueda erigirse desde la injusticia y la inconformidad. En cuanto a la escuela, Foucault (1995) menciona que esta se convierte en ordenadora y productora de ciudadanos útiles. Dice que la educación no sólo opera para someter a los estudiantes al poder, sino que también los prepara para que puedan reproducir el 'status quo', en el caso del capitalismo, la mentalidad industrial y de mercado que le encarna. Mediante esa operación la educación perpetúa el sistema de dominación y desalienta toda conciencia revolucionaria y transformadora.

¿Cómo resistir?

Debord (1957), por su lado, sostiene que el orden social que se ha creado es producto de la repetición del mensaje capitalista que ha sido transmitido de generación en generación. Dice que la vida social no es nada menos que el producto de la construcción de situaciones específicas que ya han sido incorporadas a la cultura. Una situación construida es un momento de la vida, esto es, un evento social o sucesión de éstos, construidos concreta y deliberadamente para la organización colectiva en un ambiente unitario.

A modo de resistencia, Debord (1957) recomienda la construcción de eventos sociales de carácter contra hegemónico. Dice en su Informe sobre la Construcción de Situaciones y sobre las Condiciones de la Organización y la Acción de la Tendencia Situacionista internacional en el 1957 que todos los que amemos la libertad "tenemos que emprender un trabajo colectivo organizado, tendiente a un uso unitario de todos los medios de agitación de la vida cotidiana. Es decir, que tenemos que reconocer la interdependencia de estos medios, en la perspectiva de una mayor dominación de la naturaleza, de una mayor libertad. Tenemos que construir nuevos ambientes que sean a la vez el producto y el instrumento de nuevos comportamientos. Para hacer esto tendremos que emplear empíricamente, al principio, los actos cotidianos y las formas culturales que existen en la actualidad, contestándole todo valor propio.

Es así como se entiende lo que hemos dicho anteriormente de que el control social se encuentra tan presente como el oxígeno. Lo hallamos en las rutinas o prácticas culturales diarias, sobre todo. También lo encontramos en las leyes, en las tradiciones y costumbres, en las normas institucionales y las políticas sociales, en la socialización escolar, en la adoctrinación religiosa, en el estado de bienestar, las prácticas profesionales, y hasta en el espectáculo social que construye el capitalismo para promover sus ventas y asegurar el máximo rendimiento a su inversión. Pero, también se pueden levantar proyectos de resistencia y contra hegemonía desde esos mismos espacios públicos, transformando los hábitos y la cultura en general, y transformando la realidad hegemónica.

Nuestras estructuras sociales están en continua revisión por las fuerzas dominantes. Hoy día, las técnicas del control social vienen respondiendo a los cambios globalizantes y neo-liberales en que la economía no puede esperar que los rasgos y conductas culturales evolucionen a su propio "tempo", sino que tienen que provocar o producir modificaciones aceleradas que vayan a todo con el rendimiento máximo de su inversión. La gente no ha sido preparada para entender lo que están haciendo con ellos... viven una vida razonable que se viste de vida ordinaria y colectiva y pierden profundidad de reflexión. Pero ¿que puede esperarse si nunca se le proveyó del entrenamiento para la reflexión social crítica y las destrezas para descubrir que detrás de todos estos fenómenos está la fea careta del explotador?

A mi mejor entender, todas las organizaciones privadas y públicas son instituciones de control porque regulan – o pretenden regular -- aspectos de la conducta humana sin que hayan mediado negociaciones de tipo alguno con el individuo. Un supermercado, un banco, un religioso, el gobierno y hasta los amigos líderes universitarios de mi época de estudiante, son recursos importantes del institucionalismo social y el normalismo y entienden que por el efecto combinado que tienen entre los ciudadanos, se convierten en parte del universo regulador.

Desde siempre, la dirigencia político-social viene luchando por el control de los hombres y mujeres. En parte, es consecuencia del discurso a favor del aumento en las libertades. Por un lado, la población reclama mayores libertades y la reacción del liderato institucional privado y público es la de ejercer mayor control. Es, por otro lado, el efecto del poderío económico y político, que quieren asegurar su sobrevivencia.

El espacio de esos sistemas se ha expandido rápidamente y hoy día se extiende desde los servicios privados de ley y orden hasta las burocracias que monitorean el comportamiento de la conducta de ciertos sectores poblacionales, como por ejemplo, las agencias de crédito. Experimentamos un campo amplio de actividades institucionales de monitoreo y verificación de la conducta normalizada, siendo la más activa y dinámica aquella que proviene de la actividad económica. Toda esta aparatología se erige como un monstruo con el poder de llegar hasta los secretos más íntimos que poseemos y poder manipular la libertad que debemos tener como derecho natural.

Capítulo 4
Imagen y Dominación

De hecho, Lacan deposita en el reflejo de nosotros en el espejo el inicio de la toma de conciencia de nuestra identidad. Lacan sostiene en su Teoría del Espejo que en algún momento entre los 16 y 18 meses de edad, el bebé, al mirarse en el espejo mirará su reflejo, mirará de regreso a su persona real, mirará a su madre o a otra persona, mirará de nuevo la imagen en el espejo, y en el proceso comenzará a darse cuenta de que es una persona completa y distinta. Es, entonces, y ello suena con cierto dejo de ironía que desde la perspectiva de la imagen es que partimos hacia nuestra vida de conciencia a la madurez. Y lo que encuentro peligroso es que desde ese momento en adelante, en que imagen y realidad se confunden en una nueva realidad simbiótica, nace una confusión de percepciones que nos acompañará hasta la muerte y que nos hará esclavos de los poderes que puedan manipular las imágenes.

En un artículo titulado *Stanislaw y la Ilusión Futura*, Baudrillard reseña la historia de Ijon Titchy. Este es un personaje de la novela *The Futurological Congress*, publicado en el 1971 por el autor Stanislaw Lem. El relato es el siguiente: Tichy despierta de un estado de suspensión animada en el 2098 y descubre que la gente comparte drogas que les induce a alucinaciones o sueños despiertos. En lugar de ver televisión, la gente vive de las fantasías que aparecen en la televisión como si les estuvieran sucediendo a ellos. Tichy descubre que este mundo de experiencias artificiales ha generado problemas que comparten todos los ciudadanos. Muchos de ellos, por ejemplo, han perdido permanentemente el sentido de la realidad, prefiriendo dedicar sus vidas a una realidad de ficciones y alucinaciones. Poco tiempo después, Tichy descubre que estaba atrapado en un mundo en que lo peor de la humanidad había sido traído ante la gente por los poderes dominantes. Como resultado, todo el mundo veía una utopía de lujos, una bien desarrollada tecnología, mientras la economía, el ambiente y la integridad física de la gente estaban a punto de colapsar.

Ahora, si miramos a nuestros alrededores, ¿no estamos nosotros atrapados en esa misma realidad de imágenes, espectáculos, extravagancia y alucinaciones?

Desde la mitad del siglo pasado, y de ese origen es que trata este libro, hemos sido deliberadamente dirigidos hacia apariencias engañosas creadas por personas o grupos que tienen algo que ganar con las manipulaciones y las confusiones. Como resultado, nos hemos encontrado en un cierto ambiente en el cual ya no se puede confiar en que nuestros sentidos puedan discernir entre lo que es real y lo que es manipulación de ésta. De cierto, la sociedad es gobernada por grupos que utilizan las simulaciones para ganar y conservar la riqueza y el poder y el más importante de estos grupos lo encontramos en el comercio y los negocios. Estos utilizan su principal herramienta: la televisión y la publicidad y todo aquello que representa la producción de imágenes que distribuyen por todo el universo de lo que puede ser visto. Todos usan una combinación de las mismas técnicas, apoyadas en libretos, representaciones escénicas, narraciones, videos editados e imágenes digitales manipuladas. El reclamo de entrada a la cultura visual se da en el ciudadano desde temprana edad y lo acompaña hasta cerca de la muerte. Por ejemplo, en lo que representa el uso de la televisión, diversos estudios han evidenciado la influencia de los medios por la intensa presencia de niños, jóvenes y adultos frente a la pantalla. Por ejemplo:

Las investigaciones más recientes del Instituto Nacional de la Juventud indican que los jóvenes pasan entre tres y cuatro horas diarias delante del televisor. Estas son 21 horas semanales, 1,100 horas al año, aproximadamente. Basado en estos números, una persona de 60 años habría dedicado 63,000 horas viendo la TV. Una persona de 65 años de edad estaría dedicando 7.19 años de su vida frente a la pantalla, esto es más del 10% de su vida. De esta forma la televisión, como medio por excelencia, se ha convertido en agente socializador, de adolescentes y niños, desplazando a los tres tradicionales: la escuela, la familia y la iglesia.

A esta altura de nuestra historia, nadie puede cuestionar que desde muy pequeños nos cultivan para que veamos la verdad a través de los ojos. Con mucha intención y propósitos, nos han educado formalmente a los fines de que el mundo se nos abra al intelecto y a la conciencia mediante el uso de nuestra visión. Los diversos grupos de intereses se han encargado de colocar frente a nuestros ojos todo aquel material que quieren que veamos que les sirva para adelantar sus propósitos. El planeta está lleno de todo este tipo de material al cual ya no podemos escapar. Lo que no está frente a nosotros en la televisión y el cine, lo vemos cuando transitamos por las avenidas y las carreteras. Cuando caminamos, lo vemos en los postes del tendido eléctrico o en las paredes de las instalaciones públicas. Personalmente, llamo a este acto como uno de provocación a la introvisión. Lo llamo así porque nuestra visión se alza como un aparato de succión poderosa que se apropia de todo lo que se tiene de frente, haciéndolo suyo y posesionándolo. De esa manera los humanos nos apropiamos de una realidad de fenómenos que se presentan frente a nosotros intencionando a nuestros ojos con su propia intención de revelarse. Estos fenómenos quieren revelarse y se presentan al mundo cuando son colocados frente a nuestros ojos. Según cuenta la Fenomenología, la dificultad está en que los objetos no se dan en un todo sino en perfiles separados y para poder decir que llegamos a conocerlos totalmente tenemos que ir más allá de la mera percepción visual. Para lograr acapararlos completamente necesitamos el ejercicio mental de combinar las impresiones separadas que recibimos de la experiencia. De ahí, la ventaja del que construye las imágenes que nos colocan de frente. En esta construcción siempre se hace relevante la parcela que quiere el constructor que apreciemos y difusa las que no quieren que reconozcamos. Por ejemplo, en el caso de un anuncio de una tarjeta de crédito nos ponen frente a la vista las imágenes de abundancia y de los productos que podemos adquirir con la simple presentación de la tarjeta, pero no hacen relevante el hecho de que con el exceso acumulamos grandes deudas y pagamos altos intereses al nivel de usura. Tampoco nos educan en torno a cómo sufre la vida personal y la familiar cuando las deudas abacoran la mente.

Ciertamente, también nos apropiamos del mundo a través de los otros cuatro sentidos, pero hemos sido cultivados para que el más fuerte sea el de la visión. El asunto es que todo en el planeta ha sido entrenado y cultivado mediante un aparato ideológico y unas tecnologías muy poderosas para ello (Althusser,1971). Esto es, se ha organizado al mundo como si fuera un supermercado. La situación que tenemos es que muy pocas personas tienen desarrollada plenamente la destreza de unir las percepciones que se presentan en perfiles y juzgar lo que existe en el fondo. Esta destreza se desarrolla de manera natural en muchas personas, pero en otras no es siempre así, con el agravante de que las instituciones que deben alertar, preparar y desarrollar la conciencia crítica han sucumbido también ante el poder de esos intereses.

La educación formal podría ayudar a producir una nueva conciencia, pero la escuela dedica su tiempo al trabajo de transmisión de conocimiento más que de abrir las mentes a la definición perceptiva, al juicio valorativo y al pensamiento crítico. La escuela, que debe preparar a los nuevos ciudadanos a ejercer ese acto de unificación falla tremendamente en ello. De todo esto se aprovecha la publicidad y el mercadeo. ¿Qué cómo lo hace? Pues, la publicidad y el mercadeo se encargan de mantener separadas las imágenes o juntarla a su conveniencia, componiendo el mensaje que quiere, en su caso el de alto consumo y la carrera a la cosificación de la vida.

La idealización de cosas

Vale señalar que los fenomenólogos sostienen que en el acto mismo de posesionar el fenómeno mediante la visión, el hombre lo absorbe y tanto el hombre como el objeto dejan de ser lo que eran. Ya uno no es sin el otro porque se poseen mutuamente y si utilizamos los principios lacanianos tendríamos que decir que se produce en ese acto una especie de una nueva identidad enriquecida. El fenómeno (objeto que vemos) se convierte en un objeto para mi conciencia. Esto quiere decir, que luego de percibido, el fenómeno posesiona al sujeto y no lo suelta jamás, así como la imagen que obtiene el niño en el espejo no lo soltará nunca. Cuando la posesión que se produce es de una idea-cosa que subjetiva la conciencia de cierta manera, el sujeto queda conquistado por esa idea de manera permanente. Y éste es un proceso continuo y constante del que se aprovecha el mercado. Cada vez que abro los ojos, comienzo a apropiarme del mundo exterior, haciéndolo mío, personalmente mío. Y ese ejercicio me va llenando de experiencias que ya nunca dejarán de formar parte de mi esencia.

Como dijimos, de toda esta subjetivación de la conciencia se aprovecha el mercantilismo moderno al colocar estímulos-cosas para ser vistos y que se intencionan a los ojos. Las percepciones particulares, ya trabajadas de antemano, forman el proyecto de la subjetivación de la conciencia. Como ejemplo, tenemos siempre a la vista los enormes despliegues de anuncios por todas las vías públicas, en las tomas de gasolina, en los edificios y hasta en los baños de los restaurantes y las escuelas. No hay un lugar que se escape a la imaginación del publicista.

Es mediante esta vía que mucho de lo importante está al alcance y expuesto frente a nuestra vista. La historia revela que la visión ha sido el instrumento 'par excellance' de la humanidad, habiendo unos períodos en que el uso de los ojos ha sido más relevante que en otros como lo es el presente. De eso se han aprovechado todos aquellos que manejan el aparato económico. Y de ahí, el porqué la televisión es uno de los instrumentos de mayor importancia para los exponentes de esta cultura visual. La publicidad vive de los espectáculos, de promover imágenes, del entretenimiento. Desde aquí es que uno puede entender el por qué en nuestra cultura se valora más a los exponentes del entretenimiento, de la música, del deporte, que se pueda difundir por la televisión o por el cine o que pueda exponerse en un escenario o en una cancha deportiva, mientras no se respalda aquello que representa la razón, la educación y el intelecto.

Uno de los propósitos del mercantilismo es la hiperestimulación de los ojos. Y persigue que mediante la enorme absorción de mensajes audiovisuales quedemos impedidos de discernir sobre las experiencias vividas o recibidas. Como diría Zizek (1989), mediante lo imaginario, nos enamoran. Este sostiene que precisamente, cuando creamos una imagen, y yo añado, cuando nos la crean y la colocan frente a nosotros, excluimos una serie de características que "consideramos indeseables, como por ejemplo: defecación, sudor, vísceras, flemas...". No interactuamos con el otro real sino con esa imagen virtual de fantasía que se ha creado y colocado frente a nuestros ojos. Zizek (1989) dice que esta tendencia puede llegar a ser patológica en el momento en que, cuando la imagen o la virtualidad digital se impone, termina anulando al otro real, destruyéndolo.

Por otra parte, la imagen se da en un espacio, cultura o ambiente, de cultivo para lo visual. La cultura visual puede ser, y de hecho es, manipulada o contaminada. Siempre está contaminada por lo no visual, por lo escondido: las ideologías, los textos, los discursos, las creencias y los intereses económicos, esto es, por el proyecto hegemónico. Se crea lo que algunos autores han llamado como la alucinación estética de la realidad y esa alucinación no es otra cosa que el espectáculo que se nos presenta de frente como mecanismo para el dominio social. El poderío de lo visual no se cuestiona y lo sublime es, lo que dice Debord (2002) y Baudrillard (1998), que la realidad son las imágenes. La realidad física ya no es la realidad real por más tiempo. La realidad social, los hechos durkheimnianos tampoco lo son por más tiempo. El espectáculo es lo real. Experimentamos confusión entre lo que nos conviene poseer y lo que es frugal para nosotros pero beneficioso para el bolsillo del productor.

De acuerdo con Marx (2000), desde que el hombre puso un dedo en la naturaleza dejó de existir el estado de virginidad natural para convertirse en el estado histórico o social. Esto es así, porque desde ese momento se cuenta la historia con relación a las acciones del hombre. Como hemos dicho a través de esta lectura, desde entonces el estado social ha sido manipulado a conveniencia de los grupos que lo han dominado. Esta tesis la toma Baudrillard (1983) para señalar que a la altura de nuestros tiempos ya nada existe en su estado original y todo lo que percibimos son representaciones o simulaciones construidas de lo que un día fue. Lo relevante en Baudrillard (1983) es que las simulaciones que se han hecho no solo han sustituido sino que han desplazado la realidad original y ya cuando nos referimos a los originales, realmente nos estamos refiriendo a sus representaciones, con sus cargas lingüísticas, inclusive. Aunque dentro de otro contexto, Platón nos había dicho algo similar. En el Mito de la Caverna, Platón sostenía que el hombre nunca tiene la oportunidad de ver los hechos reales o verdades eternas, sino una mera representación de éstas. Solamente, tenemos la experiencia de relacionarnos con la "realidad" – que para Platón son las ideas – cuando nos encontramos en lo que se llama el "Topos Uranus". Eso no es posible en la vida terrenal, según Platón. En tanto y en cuanto estemos pisando tierra en este planeta, lo que estaremos viendo entonces son las imágenes o representaciones de una realidad que desconocemos, pero que percibimos como verdadera, según discurre frente a la entrada de la caverna. La realidad queda proyectada como una sombra en la pared del fondo de la caverna que es hacia donde los mortales miramos. Lo que entendemos como realidad es una simple y llana sombra. Esa es nuestra única percepción posible.

En una cultura totalmente visual, inclusive, ya no tienen que estar presentes el tiempo y el espacio como lo conocíamos y su valor necesario para alcanzar el conocimiento, según los parámetros establecido por Kant (1970). Hoy día, lo pasado se puede traer al presente con el toque de un botón. Lo presente se puede proyectar al futuro y se pueden crear realidades que rompan con la lógica y la razón. Hoy día, mediante la tecnología y el virtualismo, podemos simular nuevos mundos con otros tiempos y otros espacios. La sociedad de imágenes no es otra cosa que el mundo fabricado en una factoría de los bytes, las visualizaciones, las fotografías, la pintura y los colores y la fantasía, más que a través de la razón, la lógica, los textos y las palabras. El uso de la razón ha pasado a un segundo plano en la cultura visual. No es deducir, no es concluir lógicamente una verdad, sino que con sólo ver el fenómeno es más que suficiente para poder determinarlo como real y verdadero.

El virtualismo y los bytes

La construcción de nuestro campo sensorial visual, hemos dicho, ha sido transformado al punto de que lo que ya vemos frente a nosotros es todo un espectáculo tipo presentación teatral, al que la gente se ha acostumbrado que lo ha sustituido con la realidad o el campo sensorial original. Muchos de nuestros lectores se preguntarán ¿Cómo ello es posible? Un ejemplo de lo que quisiera plantear viene ocurriendo en el 2009 con la página del web conocida como 'Second Life'. Esta segunda vida la vienen produciendo grandes libretistas y productores del virtualismo y los bytes. De este tipo de páginas existen numerosas otras con diversos temas y 'realidades'.

'Second Life' se describe a si misma como un mundo virtual en línea, gratuito, imaginado y creado por sus residentes. Sostiene que desde el momento en que entras a la página, descubres un mundo virtual rápido y creciente lleno de personas, entretenimientos, experiencias y oportunidades. La plataforma se da a conocer como una comunidad global que trabaja en conjunto para construir un nuevo espacio en línea- 'on line' – para la creatividad, la colaboración, el comercio y el entretenimiento. Busca conectar culturas y da la bienvenida a la diversidad. Dice creer en la libre expresión, la compasión y la tolerancia, los que son los fundamentos para una comunidad en este nuevo mundo.

Second Life le permite al usuario entrar en la realidad virtual donde puede interaccionar con el mundo construido por el propio usuario. La plataforma va más allá de ser un videojuego con sus universos ya previamente construidos, porque mediante la plataforma el usuario habita el universo creado por él mismo, con sus particulares dimensiones de tiempo y espacio, sus lógicas, y donde funcionan exactamente sus propias las leyes de moral y de orden social. El usuario se inserta en la plataforma a través de un avatar, cuyo aspecto trasciende no sólo a la imagen real del usuario-persona, sino que puede adquirir apariencias o capacidades ciertamente imposibles en el mundo real. El usuario se asigna una forma física, un atuendo, un nombre, un color de piel y por supuesto un sexo; rasgos identitarios que, aunque la mayoría de ellos después podrían ser modificados, implican una pre-clasificación inicial obvia.

Bueno, Second Life tiene sus propia divisa virtual, el Linden Dollar o $L. El usuario real puede adquirlo mediante dinero real y adquirir bienes muebles e inmuebles y/servicios virtuales que se ofrecen dentro de este espacio tridimensional. En caso de que el usuario no tenga las capacidades para construir su mundo virtual, en Second Life se puede adquirir los servicios especializados en 3D que hacen su agosto diseñando desde viviendas y locales comerciales, hasta peinados, calzado, y brillos de piel. ¿Podrían creer que hasta la prostitución virtual es posible en Second Life? Así pues, en Second Life se puede realizar virtualmente todo lo que se puede hacer en la realidad social original.

Nuestro planteamiento va dirigido, sin embargo, a señalar que la realidad social que hemos llamado como original, ya no lo es por más tiempo. Esta ha sido transformada y muy parecida a la realidad virtual creada por productores que manejan la digitalización, el espectáculo, los sonidos, los colores y manipulan los sueños, los deseos, de todos los paisanos. Mediante la magia, la fantasía, los colores, las imágenes se pretende oscurecer y ocultar la racionalidad en que se fundamenta la realidad social. La visión estructural se ha descompuesto mediante la aparición de medios de dominación más sofisticados que los de las formas tradicionales y que desde entonces requiere el desarrollo de nuevas y mejores construcciones culturales para no quedar alienados y caer víctimas de la alucinación o la pérdida de la conciencia verdadera. Esto es, mediante el espectáculo no solamente se pretende ocultar la racionalidad de la estructura social sino que también se pretende ocultar el problema de poderío que estriba en que los que poseen los medios y las imágenes que crean el espectáculo poseen manipulan, asimismo, la realidad.

De hecho, ese imaginario o cúmulo de ideas es más complicado que lo que parece a la simple vista, al adicionarse la tecnología de lo virtual. En el mundo virtual, la manipulación se da mediante la construcción digital y la computarización, y el uso de colores atractivos y sonidos gustosos. Esas mismas herramientas se han traído al mundo de lo social-visual, precisamente porque ya no se depende únicamente de la construcción del imaginario y la simbolización para la manipulación como se hubo hecho desde mediados del siglo pasado, sino que la incorporación de la tecnología – la computarización y la digitalización - ya ha ocupado un puesto permanente en ello. Por esa contaminación es que vemos en los medios de televisión cinematográficos la presencia de animales prehistóricos tan reales como los perros y gatos de nuestros días. Vemos como nos transportamos a galaxias a las que en la realidad no se ha podido llegar. Cuando Deleuze (1989) toca el tema dice que mientras en la realidad social hay algo que en un sentido es virtual, no actual, las consecuencias son reales.

La inmensa mayoría de nosotros estamos a expensas de las confusiones que nos crean las representaciones de una realidad que ha sido construida alrededor nuestro. Lo que viene sucediendo es que las simulaciones son un elemento de seducción. Las confusiones parten de las simulaciones en las que erróneamente confundimos una realidad falsificada con la que es la imitada. Cada vez son más estas simulaciones y alcanzan diversas categorías. Las vemos sobre todo en la televisión y en la cinematografía, en las calles y avenidas donde se ha apostado la publicidad y los centros comerciales, donde nos crean una sociedad ilusoria llena de colores y melodías. Los 'malls', particularmente, nos proveen de un buen modelo de la sociedad contemporánea que todos soñamos. Nos proveen de un mundo de simulaciones y falsificaciones con una rutina manipulada de apariencias. Cuando vemos debajo de todas estas apariencias inventadas, encontramos unas formas avanzadas de arte y tecnología que hacen posible que le gente presente una imagen de ellos y de los productos, situaciones e ideas que cuentan una historia que es totalmente ajena a la realidad real. Se trata de imágenes propias de las películas de romance o de fantasías tipo Disney.

La confusión se estimula porque inmersos en esa neblina de imágenes, pasiones y sentimientos, perdemos agarre con la realidad natural y caemos dentro de una atmósfera de virtualidad y digitalización. Nuestras conexiones con la realidad concreta se pierden. Se rompe la cadena entre el significante y el significado (entre la palabra y lo tangible). Lacan (2006) diría que vamos de significante a significante, de concepto a concepto, de palabra a palabra, de idea a idea o de imagen a imagen. En ese medio no hay realidad concretada o plenificada. Sólo contamos con el mundo de los sueños, al que el comercio ataca. Y nos embriagamos de tal manera que quedamos enajenados.

La producción de artefactos replicados de los originales que difícilmente pueden distinguirse de éstos es otro ejemplo de estas simulaciones. Vemos, por todos lados, réplicas de famosos escenarios históricos de pirámides y de historias de fantasías, como en el caso de Las Vegas y Disney, pinturas producidas por la tecnología de la digitalización y simulaciones de lugares de extraordinario valor turístico el planeta. Pero, ¿qué podemos hacer para distinguir lo verdadero de lo falseado? ¿Cómo podemos denunciar al mundo el simulacro? Veamos:

En cierta ocasión me topé con el término 'ironía postmodernista', el cual estimo que puede aplicar en estos momentos. En un período de tantas representaciones falsas y uso de imágenes que destellan verdades falseadas, sería necesario que el espectador genere una especie de ojo acucioso que le permita develar la realidad de lo que se ha escondido. De esto se trata la 'ironía postmodernista'. Mediante la utilización de la ironía, ponemos en tela de juicio todo lo que parece a la vista como verdad o como original y lo colocamos en la esfera de lo raro y lo sospechoso. Lo colocamos en la dimensión de lo que hay que auscultar más porque puede que haya algo escondido que no hemos logrado ver a simple vista. Tenemos que ver si lo que se nos presenta a la vista tiene otra significación y existencia que se nos escapa porque está escondido detrás de un bien trabajado lenguaje de imágenes y representaciones. Hay que convertir ese lenguaje en uno cristalino y transparente y es mediante el ejercicio de la ironía lo que nos permitirá hacerlo. ¿Cómo? Pues, de la siguiente manera.

Esto es, hay que determinar quién usa ese lenguaje y con qué fin. Hay que desenmarañar o como diría Derrida, deconstruir, toda la construcción de representaciones que se han montado. Buscar los propósitos detrás de la pantalla. Buscar quién o quiénes se beneficiaría si vemos las cosas como se nos presentan o actuamos como quieren que actuemos. En otras palabras, la ironía permite poner en primer plano la política de la representación. Pues, la ironía postmodernista no es otra cosa que una forma problematizadora de sacar a la superficie las verdades desnaturalizados, de reconocer las intenciones de los productores y distinguir el rastro de las representaciones.

El Espectáculo

El contenido del espacio visual no es otra cosa que la organización de un espectáculo para que se presente frente a nosotros. Eso lo dijo el francés Guy Debord hace tiempo y señaló que este es un sistema de estímulos visuales de complacencia y colores que llaman la atención y que funcionan en el escenario social como una presentación teatral. En el 1967, Debord escribió su libro profético que llamó *La Sociedad del Espectáculo*. En este libro el autor presenta y describe el hecho de cómo el empresarismo y el capital han transformado la realidad social en una sociedad de imágenes y espectáculos, colocando a la gente como espectadores de una bien montada función teatral que se presenta y viene a sustituir a la vida ordinaria. Los medios de comunicación han reproducido la relación espectáculo – espectador que convierte a las personas en espectadoras de aventuras prefabricadas haciéndolos incapaces de crear las suyas. El carácter fundamental del espectáculo se deriva del simple hecho de que sus medios – el capital - son a la vez sus fines esto es, el capital. El alfa – el principio -- y el omega- el objetivo final - es la producción, la venta y el consumo. Kant (1970) lo denominaría como una tautología donde la definición implica lo definido; donde el principio es el dinero y el fin es el dinero.

El espectáculo es la producción que se da en el escenario de la economía radiante. Para esta, como hemos dicho, su fin es su propio principio. La fórmula trinitaria es la siguiente: dinero-espectáculo-dinero. En el medio de la fórmula se encuentra el espectador que observa el espectáculo absorto en los colores, la magia y el entretenimiento. Pero va más allá. El espectáculo no es un conjunto de imágenes solamente, sino una relación social entre personas mediatizada por imágenes. En esta relación, el espectador queda enajenado de la realidad real y ve el espectáculo como la verdadera realidad. Se sume en los objetos de consumo y comprende menos su propia existencia y sus propios deseos. La enajenación llega al grado de que sus propios gestos, su propia conducta ya no es suya, sino de otros; los escritores del libreto.   Por eso el espectador no encuentra su lugar   en ninguna parte, porque el espectáculo está en todas y lo coloca a él en todo un lugar de confusión. El tiempo y el espacio pierden sentido porque desaparece en medio de la magia y la fantasía. No hay ayer ni mañana, ni ahoras ni después,   sino un presente continuo. El mundo a la vez presente y ausente que el espectáculo hace ver, es el mundo de la mercancía dominando todo lo que es vivido. Como dice Baudrillard, el espectáculo señala el momento en que la mercancía ha alcanzado la ocupación total de la vida social.   La relación con la mercancía no solo es visible, sino que es lo único visible: el mundo que se ve es su mundo. Lo que es visible es bueno y lo que es bueno es visible.

Desde aquí podemos partir para explicar un poco las ansiedades por el consumo de los productos que se venden.

Mediante el dominio del espectáculo se intensifica el uso y abuso de los productos de consumo, de hecho, el consumo de presenta como la única alternativa de la capacidad humana total. Nuestra interacción comunicativa y social se reduce a temas relacionados a consumo de productos, de tal manera que nuestra experiencia de la realidad no va más allá del consumo de imágenes y de productos.

Los espectadores, por su lado, son personas trabajadas para que disfruten el espectáculo y se deslumbren por los colores y la fantasía. Han sido cultivados desde muy jóvenes para que los efectos de la imaginería del espectáculo los cautive. Se ha dicho que con la cultivación desaparece la cultura de la conciencia racional y se estima la pasión, el sentimiento y la sensibilidad. La función de la cultivación es presentar la mentira y la impostura de la realidad real y proveer los estímulos de una realidad falsificada. Lo lamentable es que esa falsa conciencia se eleva a nivel de sentido común, como que la vida es todo hedonismo y placer y que todo es posible con sencillamente desearlo. Lo que no nos dicen es que la mayoría de nuestros deseos   nuestros sueños han sido, a su vez, prefabricados en nosotros por los intereses mercantilistas.

Una situación particular del espectáculo es que al proveernos solamente de imágenes falsificadas y distorsionadas, se insensibiliza y deshumaniza al espectador. Este pierde anclaje de su realidad ontológica y se hace insensible ante las injusticias y la opresión. El espectáculo fomenta la separación creándole a la población una falsa conciencia de que todo está correcto y el mundo corre feliz. De la misma manera desaparece la conciencia individual. Aunque los miembros de la audiencia pudieran estar buscando llenar una necesidad individual, están participando de un proceso social de conciencia colectiva en el cual ellos internalizan mensajes de la élite social. Comprometidos con el espectáculo, según fueron cultivados, terminan más comprometidos con las visualizaciones de la élite.

Ritzer (1998) denomina como 'catedrales' los espacios donde se ha organizado el hiperconsumerismo, el espectáculo y la extravagancia con mayor calculabilidad y eficiencia. Toda la vida de las sociedades de hoy día se presentan con una inmensa acumulación de espectáculos pero las catedrales de consumo son sus espacios naturales. En estos lugares prevalece el irracionalismo y la pasión por sobre la razón y el control, que si vamos a ver es característico del período anterior al postmodernismo. Son catedrales de encantamiento con carácter casi sagrado y religioso pues ofrecen un ambiente mágico y de fantasía a nivel sacramental que pueden consumir los participantes. Estas catedrales se han diseminado por todos lados y ya llegan hasta tener representaciones que entran hasta el íntimo recinto del hogar, donde nos sentimos más confiados, más protegidos y por ello más expuestos a sus influencias. En el uso de la extravagancia se valen de diversos recursos artísticos y animales amaestrados, grandiosas orquestas, asombrosas luces, increíbles vestuarios y disfraces y otras técnicas para llamar la atención a todos parroquianos.

Ejemplos:

En Puerto Rico tenemos a Plaza Las Américas y a otros centros comerciales de igual índole. Allí la gente comparte alegrías, pueden cenar juntos, arreglarse el pelo, ir al cine, hay patios con fuentes de agua y vegetación para el esparcimiento, en un ambiente de disfrute, fresco, protegido y cómodo. Pueden visitar a su abogado o contador, ir al médico y de aseguro que en un futuro no muy lejano se podrá arrendar una habitación para echar una siesta. Los parroquianos también pueden hacer sus compras y utilizar las tarjetas de crédito de todas las denominaciones sin considerar el gasto y enajenados de nuestras necesidades apremiantes. Se ha creado aquí una ciudad virtual dentro de otra. En una ocasión leí un lamento de un autor que decía que era triste ver cómo nosotros hemos podido construir dentro de un 'mall' el ambiente que nos ha sido imposible crear en la sociedad abierta. Otros espectáculos similares provienen de parte de las franquicias y restaurantes de comida rápida como McDonald, Wendy's, Burger King, Popeye, Churh's, Bonanza, Ponderosa, Kentucky Fried Chicken, Dominoes Pizza, Pizza Hut, Dunkin Donuts, Starbucks y cientos de muchas otras. Estas nos han combinado la felicidad con los hamburgers y el pollo frito. El "happy meal" y el "ambiente familiar" se venden como parte del Mega Combo. Tiendas en cadena como J.C. Penny's, Sears, Macy's, Calvin Klein, etc. Tiendas por descuento como Wal Mart, K Mart, Sam Club, Cotsco, Toy's' R Us, Borders, Barnes and Nobles, Grande, Pueblo, etc. son otras experiencias enajenantes del espectador. Muchas de ellas te ponen a pagar para tener derecho a comprarles, ¡vaya que cinismo!. Lo lamentable, es que nosotros lo aceptamos. Luego de ello, estas cadenas te hacen adquirir productos en cantidades mayores a las que necesitas y convierten tu residencia en el almacén. Y, por si ello fuera poco, al adquirir mayor cantidad de cada producto, te sacan al momento más dinero del bolsillo y luego te dicen que has ahorrado. Prueba ello, el nivel de enajenación al que hemos llegado.

Los cruceros, los hoteles y casinos, lugares de entretenimiento como Hard Rock Café, The Apple Café, Club Kokomo, etc. son otros escenarios donde se exhibe el espectáculo y el hiperconsumerismo. Hasta las facilidades deportivas, ejemplo, los parques de béisbol como el de los Orioles de Baltimore, los Bravos de Atlanta y los Indios del Cleveland, exhiben ofertas que han desplazado el espectáculo deportivo de por sí. Ahora, hay "lounges', restaurantes, piscinas, centros comerciales, salas de teatro, entre muchas y muchas otras amenidades en esos estaciones tradicionales dedicados al deporte. Lo mismo viene ocurriendo con muchas escuelas y colegios que parecen 'shoppings malls'. Residenciales de lujo como Montehiedra, Palmas del Mar y Los Paseos, muchos de ellos con campos de golf, clubes de tennis, gimnasios, piscinas, también se han alineado con el espectáculo. De igual manera, vemos a mega iglesias como la de Fuente de Agua Viva y la Congregación Mita con museos, parques de entretenimiento, ventas de productos, supermercados, panaderías, etc. Universidades y colegios están en lo mismo, así como museos y teatros con tiendas que venden réplicas y todo tipo de productos de arte. Hospitales y clínicas como los llamados McHospitales ofrecen procedimientos ambulatorios donde te operan y el mismo día te dan de alta. Se trata de una sociedad 'light' como la han llamado algunos sociólogos porque hasta puedes rebajar diez libras de peso por solo $29.99.

Como he mencionado anteriormente, nuestro mundo ha sido controlado por aquellos grupos que lo han construido. Nuestro intelecto y nuestra conciencia han sido cultivadas a su vez por ellos, siguiendo los intereses de ellos. Los gobiernos que ellos han colocado en la estructura de poder responden a sus prácticas y éstos, a su vez, son los vehículos de preferencia para la domesticación del rebaño social. La cultura visual reconoce que la realidad es vivir en un medio cruzado formado por imágenes significantes, palabras y otras formas de alto contenido simbólico que migran de un lado a otro. Van desde imágenes impresas y diseños gráficos, la televisión y el cable, el cine y los videos, las computadoras y la programación de softwares, la inter/web como plataforma visual, el medio digital, la publicidad, las artes, la fotografía, la arquitectura, y hasta el diseño urbano.

La cultivación

Las teorías de la cultivación sostienen que es a través de los ojos como nos cultivan la mente y la subjetividad. La cultivación se produce como efecto poderoso de la tecnología de imágenes y simbolismos que están estratégicamente colocados por todos lados. La literatura visual es la manera en que socializamos a personas para que puedan leer las imágenes y puedan consumirlas e incorporarlas como quiere el productor. Las imágenes, los estímulos sensoriales y los mensajes simbólicos, abiertos o subliminales, están colocados donde los grupos dominantes quieren que estén. Nadie puede negar que los gobiernos responden a ellos, porque generalmente son colocados por ellos, así como la superestructura privada que es creada y poseída, a su vez, por ellos. Así es que todo aquello que pueda utilizarse para la impresión de símbolos y la cultivación de imágenes está en sus manos. La tarea es puramente racional y lógica, y hasta mecánica. Se trata de llegar a la individualidad de los miles de millones de potenciales compradores de símbolos e imágenes, en particular, en este período histórico de la ciberglobalización. Parece una tarea inmensa, pero no lo es por más tiempo, porque la cultura visual ya está impregnada en nuestra conciencia y en todas nuestras instituciones sociales.

Hoy día, la cultivación tiene mucho campo ganado dado que ha sido la herramienta principal utilizada en esta sociedad de imágenes y símbolos del último tercio del siglo pasado. Como es fácil concluir, la cultivación ha dado forma a todo el 'spectrum' simbólico en el cual la gente vive y le conferido dirección y significado a la actividad humana desde ese tiempo hasta el presente. Este ambiente simbólico se ha diseminado de manera universal como producto de la gestión del capitalismo tardío que ha puesto sus miras en la explotación del consumidor. Es por ello de esperar que los objetivos de la cultivación vayan de acuerdo con las ideas del capitalismo dominante. Mientras más nos adelantamos en el tiempo las sociedades han demostrado estar menos atadas a las instituciones tradicionales como lo son la familia y la iglesia, y en cambio, se han identificado mayormente con organizaciones del espectáculo como lo son los centros comerciales, el cine y la televisión.

El proceso institucional de producir mensajes se ha profesionalizado, industrializado y especializado. Podemos ver el poder de la publicidad, de la televisión y toda la tecnología de producción de imágenes. Y no habría que investigar mucho para darnos cuenta que todas ellas están bajo el control de las élites económicas. ¿Y que puede esperarse entonces? Las clases económicas determinan el mensaje en la medida que sirven a ellos. En este caso, la cultivación está para, no solamente reproducir el orden establecido, sino preparar el ambiente para la producción del orden futuro. No podemos esperar de la cultivación ninguna alteración o amenaza del orden corriente. Como dirían algunos, la idea de la cultivación es poner a la gente en línea. La mejor prueba viene de los estudios realizados que sostienen que las personas que ven la televisión y están expuestos al discurso público, reflejan menos diferencias con el pensamiento de la élite económica que aquellos que están expuestos a otras influencias cultivadoras. Esto es, el proyecto imaginario tiende a homogenizar porque lo que aparece es un mensaje uniforme, diseñado y bien trabajado. Su proyecto es el de unificar la diversidad, pero unificarlo y sincronizarlo

con el mensaje ideario de la mayoría
dominante como lo es el capital.

Capítulo 5
El Sentido Común

La sociedad puertorriqueña se ha dividido en dos: la sociedad estructurante y la subsociedad marginada o el caserío social donde los participantes, no solo viven una vida de limitaciones y opresión, sino que se guían por las definiciones, aspiraciones, modelos y paradigmas de una sociedad abierta más opulenta y dirigida fundamentalmente al consumo y a la acumulación de objetos.

No hay que argumentar mucho para convencernos que la esfera pública es abiertamente dominada por las influencias neoliberalizantes. Desde mediados del siglo pasado pasó a gobernar una cierta visión de la economía mediante una fuerte "ingeniería de los consensos" que, como sostienen algunos sociólogos, se produjo como resultado de las gestiones internacionales de financiamiento y desarrollo del Banco Mundial y del Fondo Monetario Internacional, entre otras organizaciones de dirección del financiamiento económico mundial. Estas organizaciones y otras de este tipo impusieron todo un proyecto de reforma ideológica y política para que sirviera como garantía a sus inversiones en el planeta. Mediante el proyecto se buscó asegurar la vigencia del mercado y la industria dar sentido y legitimidad a las propuestas impulsadas por el neo-liberalismo dominante en la geo-política mundial. La diseminación del nuevo lineamiento ideológico se realizó a través de los medios y tecnologías más avanzadas, pero contando también con la siempre efectiva participación de los intelectuales orgánicos, formadores de opinión, periodistas, políticos y otros miembros de organizaciones que defendían el 'status quo'.

Esta ingeniería de los consensos se hizo más evidente con el inicio de la revolución tecnológica, el aparecimiento de la televisión, las computadoras, la satelitología, la publicidad, la digitalización y la invención del espacio cibernético. Con el tiempo esta ingeniería se transformó en parte esencial de la conspiración ideológica para uniformar, homogenizar o normalizar la conciencia social que viene ocurriendo. Los medios de comunicación en masa y las escuelas – todas bajo dominación del poder neoliberalista – se convirtieron, a su vez, en fuente adicional de producción simbólica.

Atentando contra el derecho natural del individuo a pensar libremente y por su cuenta, la estrategia se caracterizaba por las consistencias en las regularidades discursivas y programáticas que brindaban coherencia y uniformidad al discurso neoliberal que vino a servir de libreto. Zizek (1989) mencionó que se trataba de un pastoralismo genérico o un sexualismo natural que vino a sustituir a la realidad. El propósito era mantener al cerebro lejos de la realidad. Por ello, la conspiración neoliberal privó al individuo del juicio propio. La única libertad que dejaba disponible fue la "libertad de elegir", la de salir a comprar al mercado más cercano y escoger entre un menú determinado o abrir la página de la Internet en un acto deliberado de libertad suprema para acaparar un mercado más universal. Ciertamente, a la entrada del presente siglo podemos asegurar, sin lugar a equivocarnos, que la conspiración logró su objetivo de supeditar la población a la economía y al uso del dinero. "Nada puede lograrse en el planeta si no media el intercambio y el dinero", es la propuesta que ha calado en la mente mundial sin tipo alguno de cuestionamiento. La combinación ha sido muy efectiva y, según algunos sociólogos la misma, ya elevada a la altura en que se presentan los principios que ordenan el sentido común, parece irreversible. Esta se ha instalado fuertemente en la percepción mundial que hace aparentemente imposible cambiar el actual orden de cosas.

Cuando hablábamos del sentido común nos referimos a las creencias o proposiciones que parecen, para la mayoría de la gente como evidentes y obvias lógicamente y que, por tal razón, sería absurdo pensar que provoque o evoque reflexión crítica alguna. Son asuntos dados por alguna naturaleza que ni tan siquiera cuestionamos. Son proposiciones que no dependen de conocimiento objetivo alguno o de alguna investigación o estudio. Algunos estudiosos han dicho que el sentido común parte como resultado de la familiaridad que desarrollamos del mundo social en cuanto a que compartimos espacios, discursos y experiencias con otros sujetos con los cuales nos relacionamos. Al formar parte de la cultura social desarrollamos unas percepciones naturalizadas del mundo, dado a que somos, de hecho, construcción y producto de esa cultura. Esas percepciones naturalizadas entran tan adentro en nosotros que "iluminan" nuestra conciencia y nuestras decisiones. Y así, consecuentemente, los otros sentidos humanos agarran al mundo exterior de la manera que lo dicta el sentido común. Se trata de todo el componente contenido en el sistema simbólico que hemos adquirido, los códigos lingüísticos que hemos heredado y que vierten en los significados y los habitus o predisposiciones que hemos desarrollado.

Mortimer Adler (1996) ha dicho que para poder hablar del sentido común tienen que darse las siguientes condiciones:

1- que le mente humana sea similar en todo el planeta es decir uniforme o 'normal', no solamente todo el tiempo y lugares sino que también en toda la diversidad de lenguajes y culturas;

2- que ciertamente exista una realidad independiente de nuestras mentes;

3- que, a su vez, poseamos mentes que nos permitan conocer y comprender que la realidad, que es independiente de nuestras mentes, es la misma para todos nosotros y;

4- que nuestras experiencias humanas de esa realidad independiente tiene cosas en común para todos nosotros que nos permitan hablar de manera inteligible sobre la misma, entre unos y otros.

No voy a entrar en mucho más análisis filosófico. Voy a despachar el asunto, sin embargo, con el argumento de que, como dice Adler (1996) se hará necesario uniformar o normalizar las experiencias sensoriales para que el sentido común pueda darse. Por ello, es que vemos que tenemos que hablar de la nueva realidad exterior construida por el neo-liberalismo, una realidad exterior construida de la manera más homogénea posible de manera que un solo y único mensaje sea más que suficiente para 'darle sentido' a todas las conciencias vivientes en el planeta. Todo ello se hace a base de la estructuración de unos códigos y símbolos que deben provocar, y de hecho así hacen, las conductas universales diversas.

De acuerdo con lo que Adler (1996) predica, el sentido común invita más al uso de los sentidos que al uso del intelecto porque las sensaciones no están en el mismo plano de las reflexiones. Las sensaciones van tras los objetos exteriores, mientras que la reflexión se orienta hacia lo interior del ser humano. Como han dicho algunos sociólogos, el sentido común no entiende, sino que siente las sensaciones externas. De aquí parte la justificación de los productores del espectáculo y la instrumentación para el uso de la cultura visual. Más de lleno, los productores del espectáculo son los que mayor beneficio derivan de la realidad sensorial que es consumida cada día con mayor fruición a través de los ojos de la humanidad.

El monopolio del poder

Ben Bagdikian identificó en el 1997 a nueve grandes corporaciones como las que poseen el monopolio de las comunicaciones mundiales, desde la más pequeña radioemisora local hasta el más potente sistema satelital. Además, éstas incorporaron como aliados a los intelectuales orgánicos, al periodismo, las casas publicadoras, a los políticos y a la escuela a fin de dominar el debate y erigir un sentido común interesado que trascienda las generaciones. La tarea ha sido desarrollada de manera exitosa y el proyecto ideológico de crear el sentido común ha calado hasta las fibras más internas de la estructura y la conciencia social. A base de la diseminación universal, nuestra sociedad ha aceptado como naturales todas estas ideas y las ha incorporado como las herramientas para solucionar los problemas estructurales de la sociedad misma.

Según Bagdikian (2004), las cinco corporaciones monopolísticas más grandes eran para esa fecha: Time Warner con ventas de $24 billones, Disney con $22 billones, Bertelsmann con $15 billones, Viacom con $13 billones, and Rupert Murdoch's News Corporation con $11 billones. No nos confundamos. Hablamos de billones y no de millones. Se trataba de operaciones comerciales que manejaban un presupuesto inmensamente mayor que el producto bruto anual de cualquier nación de mediana estatura. Para aquellos de mis lectores que todavía no perciban los tentáculos del Tiamat en esta operación, les ofreceré tres ejemplos. Creo que con ofrecer tres ejemplos se dará una idea del impacto que tiene cada una de estas corporaciones monstruosas en el proyecto del mensaje global y el sistema de símbolos en todo el planeta.

Time Warner era para el 1997 la corporación de medios más grande del planeta. Las principales propiedades de Time Warner eran las siguientes: una mayoría de acciones en Warner Brothers, 16 estaciones de televisión en los Estados Unidos que alcanzan el 25% de la población nacional. Poseía, además, el sistema de cable más grande en los Estados Unidos; algunos sistemas de cables internacionales como CNN, Headline News, CNNfn, TBS, TNT, Turner Classic Movies, The Cartoon Network and CNN-SI, en una coproducción con Sports Illustrated. Times era con dueña del canal Comedy Central y poseía el dominio de Court TV. Asimismo, era dueña de HBO and Cinemax y era socio minoritario en Prime Star. Para ese año tenía más de 1,000 salas de cine en los Estados Unidos, una filmoteca con más de 6,000 películas,

25,000 programas de televisión, libros, música y miles de películas de caricaturas.

Poseía 24 revistas, incluyendo a Time, People y Sports Illustrated; tenía el 50% de DC Comics, que publicaba a Superman, Batman y 60 otros títulos; era la segunda publicadora de libros a nivel mundial, poseyendo a Time-Life Books y a The Book-of-the-Month Club; Warner Music Group, era de su propiedad como lo era la cadena de parques de entretenimiento de nombre Six Flags; el equipo The Atlanta Hawks y los Atlanta Braves. Finalmente, era socio minoritario en Atari y Hasbro.

Por su parte, Disney, que para el 1997 era la competidora más cercana de Times Warner poseía lo siguiente: ABC Televisión su cadena de radioemisoras; otras 10 estaciones de televisión y 21 otras radioemisoras; los canales de cable Disney Channel, ESPN, ESPN2 and ESPNews; y acciones en Lifetime, A & E y el History Channel; y Americast, en sociedad con algunas empresas telefónicas; numerosas producciones de películas y videos, incluyendo a Disney, Miramax y Buena Vista. Además, poseía una gama de publicaciones de revistas y periódicos a través de sus subsidiarias

Fairchild Publications y Chilton Publications; y publicaciones de libros a través de Hyperion Books y Chilton Publications. En cuanto a música poseía varios sellos, incluyendo a Hollywood Records, Mammoth Records y Walt Disney Records. Poseía también los parques temáticos de Disneyland y Disney World y participaciones en parques de entretenimiento en Francia y Japón. La Disney Cruise Line era de su propiedad como lo era el DisneyQuest, una cadena de establecimiento de video juegos; controlaba la mayoría en el equipo de hockey Anaheim Mighty Ducks del equipo de béisbol de grandes ligas los Anaheim Angels.

En el 2002, Bagdikian (2004) hizo un nuevo listado de las 10 corporaciones que dominaban las comunicaciones del planeta, según sus ventas y recursos, y encontró lo siguiente: la corporación General Electric había alcanzado el liderato con ventas y recursos por más de $129.9 billones, siguiéndole AT&T con $66 billones, Sony con $53.8 billones, Liberty Media Corp. con acciones diversas por $42 billones, Vivendi con $37.2 billones, AOL/Time Warner con $36.2 billones, Walt

Disney con $25.4 billones, Viacom con $20 billones, Bertelmann con $16.5 millones y News Group con $11.6 billones. La experiencia dicta que entre el 1997 al 2002, muchas de estas corporaciones han estado fusionándose o reordenando sus participaciones. Piénsense, solamente con estos tres ejemplos, en el poder de estas corporaciones sobre el mensaje global. En el pasado, era tradicional el que las empresas de comunicaciones fueran propiedad de empresarios de las comunicaciones. Pero, ya eso no es así por más tiempo. La gran mayoría de las corporaciones que poseen los medios de comunicación son empresas con múltiples otros intereses, muchos lejanos a los principios del periodismo y la libertad de expresión. Se trata de corporaciones que han recurrido a la adquisición de estos medios masivos de comunicación para asegurarse un rendimiento mayor a su inversión. Desde ahí, es que tenemos que preguntarnos las razones por las cuales una empresa como General Electric o Vivendi han estado interesadas en adquirir tantos medios de comunicación como lo han hecho.

Al 2014, en los Estados Unidos, la cosa está peor. Solamente seis corporaciones poseen un total de 1,500 periódicos, 1,100, magazines, 9,000 estaciones de radio, 1,500 de televisión y 2,400 casas publicadoras.

Veamos el detalle de las posesiones más notables:

La empresa General Electric, además de su empresa de utensilios eléctricos, posee a COMSCAT, NBC, Universal Picture y Focus Features.

News Corp. Posee a Fox, Wall Street Journal y el New York Post.

Disney posee a ABC, ESPN, Pixar, MIRAMAX y Marvel Studios.

Viacom posee a MTV, Nick, Jr., BET, CMT y Paramount Pictures.

Time Warner posee a CNN, HBO, Time y Warner Bros. y CBS posee a ShowTime, Smithonian Channel, NFLCOM, Jeopardy y 60 Minutes.

Las extremidades de Tiamat ciertamente continúan creciendo. En términos de la democracia participativa, tenemos que tomar en consideración cómo se puede ver amenazada las libertades del planeta cuando sólo un grupo reducido de corporaciones controla el mensaje global.

Humanidad uniforme

Uno de los objetivos más inteligentes y efectivos que propuso el neoliberalismo fue la normalización u homogenización del pensamiento y la cultura humana. El logro ha sido extraordinario al grado de que hoy día la diversidad ideológica se ha reducido prácticamente a una. Con meramente un poco de esfuerzo podemos visualizar que un solo mensaje o discurso es el existente y es más que suficiente para impactar la conciencia de todo ser 'pensante' que vive en nuestro planeta. El todo se manifiesta en el todo. El reto de la élite económica se estableció de la siguiente manera: ¿Por qué en lugar de producir un mensaje particular para cada individualidad cultural no producimos un mensaje uniforme efectivo para todas? ¿Por qué no mejor producir igualmente un receptor uniforme? Esto es: ¿por qué producir un mensaje distinto para cubrir cada individualidad, cuando es más efectivo producir un receptor homogéneo, i.e., un receptor completamente 'normalizado?

Esa ha sido, la aportación mayor del capitalismo más reciente. El capitalismo de estos tiempos, en lugar de enfocarse en la producción de los artículos que satisfagan a los individuos se le ha metido en la cabeza, el corazón y sentimiento de cada humano dedicándose a la producción de un consumidor hambriento a la cosificación y deseoso por adquirir y acumular objetos con los que sientan que derivan satisfacción y complacencia. ¿Cuánto menos conveniente es poseer un universo humano diverso e individualista si podemos tenerlo normalizado o sincronizado con nuestro proyecto de mercado?, supongo yo que en algún momento se preguntaron los intelectuales orgánicos del neoliberalismo. ¿Por qué no construir una mentalidad global conveniente a nosotros en lugar de apoyar el multiculturalismo local que nos hace tan y tan distintos? ¿Por qué mantenernos tan divididos cuando el valor de una moneda nos une a todos globalmente?

Disolución cultural

Este proceso de homogeneización se ha impuesto, según hemos dicho, la tarea de disolver la identidad local de la mayor parte de los pueblos del mundo y desintegrar la cultura nativa de la gente. Todo ello se da tras el objetivo de crear una cultura estandarizada fundamentada en los mismos principios como los que fundamentan el mundo de la McDonaldización, según descrita por George Ritzer (1993). Se trata de un mundo 'light' y rápido basado en los cuatro principios que han hecho de las empresas de comida rápida un fenómeno de éxito global. Estos principios son: Eficacia, Cálculo, Previsibilidad y Control.

Desde los años '60, Mc Luhan comenzó a hablar de "Aldea Global', pensando en que con el tiempo, el planeta habría de convertirse en una sola aldea. Con el paso del tiempo, la aldea persiguió el modelo occidental de vida, altamente tecnológico fundamentado en el 'american way of life'. En su libro The Lexus and the Olive Tree, Robert Friedman (2000) dijo lo siguiente:

"Esto es igualmente lo de lo que America se trata y de lo que mejor hace. America toma muy seriamente las necesidades mayores de los mercados, los individuos y las comunidades. Y es desde ahí que America, en su mejor punto, no es solo un país. Se trata de un valor espiritual y modelo a seguir. Es una nación que no teme ir a la luna, pero que también

continua amando ir a casa a ver un juego de pequeñas ligas. Es una nación que se inventó tanto el ciberespacio como la cocina del 'barbecue' en el patio, la Internet como la red de seguridad en el 'net', y el SEC como el ACLU."

Personalmente, creo que cuando se busca la uniformidad social desde la diversidad se va tras algún tipo de manipulación. Esta podemos ubicarla como que comenzó luego de la Segunda Guerra Mundial con el nuevo reinado industrial de los Estados Unidos, que se proyectó mundialmente. La misma fue bendecida por una generación de individuos construidos como consumidores voraces que se sentían viviendo mejor cuando podían vaciar sus bolsillos en la adquisición de productos de mercado. Elementos publicitarios, lingüísticos y la llegada de la alta tecnología y la computarización, abonaron grandemente el terreno. La situación fue 'in crescendo' descontroladamente hasta el punto que hemos hablado de que la 'aldea' se ha convertido en un 'imperio'.

De hecho, el imperio que se creó nunca fue confrontado sino hasta finales de la centuria pasada, cuando la cultura islámica se propuso asumir un rol de mayor protagonismo en la política mundial. Friedman (2000) explica muy bien el asunto cuando sostiene que la cultura islámica, de raigambre cultural fuerte, se ha colocando en una posición de guerra en contra del mundo conocido como 'McWorld', aquel orientado exclusivamente hacia el mercado de productos, la alta tecnología y al intercambio y especulación de valores que es representada por el mundo occidental y norteamericano. El mundo islámico, en cambio, está acendrado en principios religiosos y en sus costumbres tradicionales y no está dispuesto a ceder a cambio de la llamada modernidad y el progreso y mucho menos por el 'american way of life'.

La producción de un ser normalizado o genérico incapaz de emitir juicios valorativos propios y contrahegemónicos del mensaje sobrepoderoso sincronizado con la producción industrial y abocados al consumo es virtualmente el pan de cada día de todos los medios de comunicación. Conjuntamente con la producción industrial, se produce el mensaje de necesidad que impacte al consumidor de manera que se asegure la venta. No solo se produce el producto sino que conjuntamente se produce al consumidor.

La producción de un ser homogenizado es un gigantesco proyecto de sustitución de la producción cultural local por una cultura de naturaleza. No quisiéramos llamarla genérica ni ecléctica, sino tipificada por unas intenciones y características globales que se han estado creando con el paso de los últimos 20 a 30 años. El ritmo creador ha estado en manos del espíritu neoliberalizante, el que ve en cada uno de los más de 7 billones de seres que vive en el planeta a un individuo en donde su condición esencial lo es el alto potencial del hombre hacia el consumo de imágenes, productos y servicios. Se trata de la intención de engullir la versión cultural local del hombre y sustituirla por otra que se parezca más a un hoyo negro que se traga todo lo que se le presenta de frente. Para ello, el imperialismo cultural económico utilizó un mensaje simple y directo: asociar lo que es moderno con el consumo y el progreso con una mentalidad de valores basada en el consumo de productos.

Si tomamos en cuenta quien es el líder y promotor de este proyecto, los Estados Unidos, veremos más claro el asunto. Los Estados Unidos tienen claramente dos intenciones. El primero, es mantener su liderato económico a nivel del globo, alargando sus tentáculos a lugares que no había alcanzado y manteniendo control económico sobre los mercados que ya había conquistado. El segundo propósito es el político. Eso es, los Estados Unidos pretender continuar con su proyecto de años de imperialismo cultural, llevando los sellos norteamericanos a lugares que antes tenía vedado, como los son: China, Rusia, la misma Cuba, el Medio Oriente, entre otros países antes le disputaban su hegemonía cultural.

Hoy día se habla de una cultura global, según lo planteó James Watson en el 2004 en el Harvard Business Review. En el 2000, el periodista del New York Times y escritor Thomas Friedman en su libro 'The Lexus and the Olive Tree, trajo a colación las luchas contrahegemónicas levantadas por el mundo islámico en contra de la estandarización de esa cultura económica neoliberalizante, homogenizante y altamente tecnológica, De hecho, se ha traído a colación que la lucha entre el mundo islámico, el cual se agarra sustancialmente en tradiciones ancestrales, y el McWorld, como se le ha llamado al mundo estandarizado, dio causa a los atentados del 2001 en contra de las Dos Torres Gemelas, donde ubicaba el 'World Trade Center'. De todo esto, Michael Hardt y Antonio Negri (2000) parten para referirse al mensaje hegemónico único que predica una economía irrestricta y neo esclavizante de producción totalmente materialista, de mercado y de consumo como el nuevo Imperio. Hardt y Negri (2000) levantan unos argumentos para sostener que a estas alturas no debemos hablar de un proyecto de imperialismo cultural, sino que ya tenemos que hablar de un la existencia de un Imperio.

Hemos señalado en otros lugares de este libro que esta tendencia imperialista cultural partió desde los Estados Unidos que tenía un interés económico y político en su valija. Pero, hoy día el asunto comienza a verse distinto. Hardt y Negri (2000) sostienen que el imperialismo cultural se ha convertido en un Imperio, porque el proceso se le fue de las manos a los Estados Unidos y arropó al planeta, perdiendo los Estados Unidos la paternidad y el control absoluto de lo que se produce. No es que los Estados Unidos hayan perdido influencia, sino que el dominio se ha distribuido. Ahora, el nuevo Imperio esta compuesto por organismos nacionales y supranacionales, estructurados bajo una nueva lógica planetaria, con unas regulaciones propias que no dependen de validaciones de legislaciones nacionales.

En cuanto a las culturas nacionales, las más débiles sufren la realidad de que pueden desaparecer o transformarse. El mejor ejemplo, es que el idioma inglés se ha convertido el idioma global de hacer negocios y por consecuencia la herramienta necesaria que todo individuo debe poseer para poder sobrevivir en el Imperio. Las lenguas locales están abocadas al desuso, limitándose a la comunicación familiar y coloquial.

Nietzsche nos había dicho que la naturaleza de cada uno propone la naturaleza de cada otro. Los neoliberalistas tomaron en serio el asunto y lograron recoger a todos en el mismo saco, convirtiéndonos en miembros del mismo rebaño. Para el mundo del neoliberalismo, hoy día, nadie es contado por separado. Muy inteligentemente, el neoliberalismo se ha apoderado de los medios de comunicación para controlar así el discurso público. Como ya hemos dicho anteriormente, los medios de comunicación social y el proceso de globalización influyen en el consumo de los individuos. Es mediante estos medios de comunicación de masas que el poder neoliberal impone ha estado imponiendo su cultura global, buscando crear una identidad colectiva para todo el planeta, traqueteando con los deseos de la gente, creando nuevas necesidades y generándoles el hábito del consumo.

La simbología universal

Hemos dicho anteriormente que Debord (2002) ve a la sociedad como un escenario donde los sectores más poderosos crean las condiciones y el libreto para que los espectadores lo sigan como si fuera una obra teatral. Su teoría pone en entredicho la visión de la producción espontánea de los hechos sociales mediante la acción cotidiana de los miembros de una sociedad. Ya no se trata de eso. Debord cree que la realidad social se puede diseñar y predestinar, producir como ocurre en Broadway, y construir un planeta especial con luces y sonidos que toquen las fibras del sentimiento, obnubilen la razón, permitan abrir los ojos en grande y lleven las manos a los bolsillos. De hecho, sostiene que nuestra sociedad es todo un espectáculo atractivo, forjado por mensajes sugestivos e imágenes de colores. Gran parte del planeta – particularmente en el cono norte - - se ha convertido en un 'mall' como lo vemos en Nueva York y otras ciudades, creado por los intereses dominantes, sobre todo, el interés económico y de alto consumo.

La producción de una simbología interesada uniforme ha sido otra de las estrategias mejor utilizadas por el neoliberalismo. Este ha creado todo un sistema simbólico que le ha permitido erigir un nuevo modelo de significados que suelen desarrollar predisposiciones en los agentes sociales. Tradicionalmente, los símbolos vienen a sustituir, o toma el lugar, de un signo. Como diría Peirce, el símbolo es un signo manufacturado. La diferencia entre ambos es que el signo tiene una correlación directa con lo significado, mientras que el símbolo no guarda esa misma relación. En realidad, el símbolo nunca posee una relación regular con lo significado. En cierto sentido se podría pensar que el símbolo posee una existencia accesoria, pero no lo es así. El símbolo tiene el poder de atraer a la mente, proveer de la capacidad de identificar o provocar emociones y reacciones con fuerza mayor que las que podrían provocar el uso de la relación significante-significado. Pensemos, sencillamente, en la bandera de nuestra patria. Cuántas emociones levanta la presencia de nuestra bandera al verla izar. Ella simboliza algo más que una bandera hecha de algún tipo de tejido, con algún tipo de color y un diseño en particular. Esa bandera simboliza nuestra sangre originaria, nuestra cultura, nuestro orgullo, y muchas otras cosas que cargan el sentimiento y la pasión. Por ello, el símbolo no es para utilizarse como un mero sustituto del signo, sino que posee otras funciones más allá de ser un significante. El símbolo se convierte en componente esencial de la realidad en la que los agentes viven y actúan.

El asunto se complica más aún cuando reconocemos traemos lo

expresado por Lacan en el sentido de que nuestra dialéctica actual corre desde un signo a otro signo, en lugar de un signo a un significante como planteaba Saussure. Con esto en mente, podemos decir que la pasión por el deseo, por el querer y el necesitar, se potenciaría grandemente. Es de ahí, desde donde Baudrillard parte para señalar que hemos quedado atrapados en una programación que nos conduce a 'desear el deseo' y a 'necesitar la necesidad'.

La familia y la escuela son los principales medios de producción simbólica, pero no los exclusivos. Hay otros medios, como lo es la cultura, la organización social y las prácticas rutinarias que también lo hacen. Todos estos medios recurren a otras herramientas previamente intervenidas por el neoliberalismo para lograr unos objetivos. Estas herramientas están disponibles en la sociedad y dispersas por todos lados. Vienen, por ejemplo, a través de la publicidad y el mercadeo, la televisión, la radio, el cine y teatros, los espectáculos artísticos y deportivos, los juguetes, video juegos y el Internet. Es triste admitirlo pero, con esta experiencia, y con la insignia pontificial de la educación y la socialización en mano, todas nuestras llamadas instituciones democráticas han caído frente al poder del neoliberalismo y en lugar de buscar emancipar la conciencia de los agentes sociales de aquellas influencias opresoras – que debe ser la aspiración máxima de un sistema democrático -- se han convertido en vehículos alienantes y, como diría Foucault (1995), en docilizantes.

Bourdieu (1977) le ha dado el nombre de 'violencia simbólica' a este tipo de intervención conspiradora de homogenización. Ha señalado que la violencia simbólica funciona en la medida en que para su existencia y perduración debe contar con la anuencia de los agentes sociales. Sin embargo, entiendo que esa anuencia es a su vez inducida. Y ello, no se da al azar. Esto se trabaja a martillazos. Utilizando el capital simbólico adquirido históricamente, la penetración del mercado y el monetarismo en nuestros sistemas simbólicos es cada día más evidente. Como ejemplo: la familia se encarga de producir el entarimado simbólico correspondiente a cada clase social y la reproducción de los códigos de significados, mientras la escuela, además de simbología y significados, reproduce el conocimiento y produce las actitudes de docilidad entre los niños, necesarios en el ambiente post industrial. De todo lo demás – como diría la MasterCard -- se encarga el mercadeo y la publicidad que se presenta en una cultura visual y de disciplina y control como existe en nuestra sociedad.

Como ya hemos mencionado, desde mediados del siglo pasado, el capitalismo dio paso a la nueva estrategia de producir consumidores más que manufacturar productos. Lo hizo a manera de asegurarse que los productos no se le quedaran en los almacenes luego de experiencia en la Gran Depresión de los años '30. En aquella época, la nueva tecnología había provisto de una mayor capacidad para producir productos, que capacidad tenía el mercado de absorberlas. Y de ahí que se llenaron los almacenes cuando la economía sufrió una recesión. Según Baudrillard (1998), este cambio obligó, a su vez, a cambios de estrategias de venta. El capitalismo dejó a un lado, para este período, la explotación al trabajador de principios del siglo XX, reorientándose hacia la explotación del consumidor. De ahí, el consumo dejó de ser una práctica subordinada al irracional arbitrio de los deseos del consumidor, pasando a ser un proceso controlado y producido calculadamente para unificar la numerosa diversidad social en una línea homogénea. El mercado dejó a un lado su método tradicional de auscultar las preferencias del público y convenir con el mejor producto para ellos y la sustituyó por la práctica de producir consumidores construyéndoles símbolos y produciéndoles necesidades artificiales – más que nada de status social que de otra índole -- y perforando la conciencia social a través de imágenes de belleza y complacencias. El valor de uso y cambio que Marx (2002) nos mencionaba había perdido sentido con el nuevo valor incorporado, i.e., el valor de signo. De producir esa necesidad por el producto-signo se encargó la publicidad, el mercadeo, y sus aliados la televisión, el cine, las revistas y periódicos, y toda esa aparatología que preconiza la cultura visual. Muchos sufrimos, desde allá para acá, la acumulación de muchos productos-signo en nuestros hogares sin un verdadero valor de uso o de cambio. Todo, porque el proceso de perforación sujetiva tuvo un éxito extraordinario. Como ya mencioné, nos programaron la conciencia con la 'necesidad de necesitar', o el 'deseo de desear'. Resultado concomitante de la operación es la horadación de nuestro crédito y nuestras deudas elevadas al máximo potencial.

Según Baudrillard (1998) , la lógica de la sociedad de consumo ha sido tremendamente exitosa en la producción de una experiencia de la realidad social que es desestabilizada por un continuo bombardeo de signos e imágenes y por la abundancia de significados, signos y significantes y, todo ello, reforzado por las nuevas tecnologías de la comunicación de masas. Aplicando la teoría de Bernstein, entonces, la nueva identidad de nosotros como agente social diseñado y predispuesto al consumo es producida también en la esfera pública como en la interioridad del hogar y de la escuela. El medio público participa en la elaboración de la identidad del agente ya que desde niño se le hace sensible a los símbolos que debe valorar y a códigos que le sirven para alcanzar significados de su entorno social. Según Bourdieu (1977) , pensar en la idea de violencia simbólica implica pensar, necesariamente, en el fenómeno de la dominación en las relaciones sociales, especialmente su eficacia, su modo de funcionamiento, y el fundamento que la hace posible.

El habitus

El habitus es otra consideración que debemos tener presente al discutir los asuntos relacionados con la dominación. Bourdieu (1977) define el habitus como sistema de disposiciones y prácticas sociales, estructurantes y transferibles, adquiridas por los agentes sociales. Como sistema de disposiciones, el habitus genera prácticas en los agentes integrando los esquemas de pensamiento, visión, apreciación y acción que los agentes incorporan a lo largo de su vida. Bourdieu sostiene que grupos poblacionales con disposiciones similares pueden producir prácticas sociales similares y quedan definidas por estas prácticas. Algunos sociólogos han descrito que se trata de poner a actuar a diferentes individuos como una orquesta sin necesidad de tener enfrente a un director. Y es que, tal y como Bourdieu (1977) ha dicho, la eficacia de los habitus se fundamenta en el hecho de que funcionan en el inconsciente de los individuos; son mecanismos que hacen que las personas definan su manera de pensar, de ser, de actuar y de consumir un mundo de sentido común en conjunto con otras personas.

Desde tiempos inmemoriales, los dueños del capital económico han estado construyendo ese universo social de ideas y produciendo situaciones como de ordinario ocurre en una representación teatral. Eso es lo que ha planteado el Situacionismo francés desde los años 40. El diario vivir no es otra cosa que una correlación de situaciones construidas o hechos prefabricados de manera concreta para producir hábitos o predisposiciones en los individuos para beneficio de las empresas y el monetarismo. Son hechos y situaciones creados como medio para reconciliar la conciencia consigo misma y dejar de buscar explicaciones. Y así como los libretistas teatrales conocen el final de la obra, los libretistas de la esfera social buscan producir el final dirigiendo los resultados de antemano. Estos, son especialistas en lo expectante, en lo que se debe esperar si se crean unas determinadas situaciones. Son jugadores de lo posible y lo probable y especialistas en el acondicionamiento operante. Los libretistas del acondicionamiento provocan situaciones desde un ambiente unitario y producto del juego de acontecimientos que se esté dando en un momento en particular o que pueda preverse. Desde ahí, proveen al público una realidad artificial, en su inmensa mayoría espectacular, diseñada minuciosamente con colores, sonidos, extravagancias y fantasías, que generalmente conduce al centro comercial más cercano.

¿Cómo ver críticamente lo obvio - o la ironía postmodernista?

La sociedad no es otra cosa que una construcción del hombre en su lucha constante por sobrevivir en un ambiente caracterizado por las luchas de poder entre unos que dominan y controlan y otros que son dominados y controlados. Como he dicho anteriormente, algunos de nosotros hemos desarrollado ciertas destrezas críticas para batallar contra esas fuerzas en conflicto pero hay muchos otros que no han podido constituir esas mismas destrezas. Mientras, el mercadeo y la programación comercial a través de la televisión, la radio y el cine, entre muchos otros medios, continúan haciendo estragos con las subjetividades de nuestros niños y jóvenes, y no vemos a nadie, institución u organismo público o privado, que separe tiempo para desnudarle a nuestros jóvenes la cara malvada detrás todo este magno proyectil de publicidad con el que son atacados. Ausentes de ese apoyo, ¿a dónde pueden recurrir nuestros jóvenes?

Por una parte, la familia es la institución asignada por nuestra sociedad para trabajar en el desarrollo de esas destrezas y las herramientas que necesitará el joven para sobrevivir en una sociedad cada vez más sobrepoblada, compleja y competitiva. Sin embargo, desde hace años no vemos a la familia muy interesada en cumplir con ese rol. Todo lo contrario, la familia es la aliada principal de los poderes escondidos que buscan la transmisión generacional de los símbolos y códigos que más les convienen a ellos para imponer su ideología. La escuela pudiera ser otra institución a cargo de esa responsabilidad, pero la vemos utilizando un discurso muy distinto al de los jóvenes y resistiéndose consistentemente a entrar en la reflexión política y a la crítica social.

La niñez y la juventud son construcciones socio-culturales (Steinberg & Kincheloe, 1997). Mucha literatura sostiene que la niñez y la juventud representan un período en el proceso natural de crecimiento del ser humano. Sin embargo, el formato o las definiciones que se han desarrollado alrededor de este período en la vida del ser humano también es producida por fuerzas sociales, económicas y culturales que componen el marco donde el individuo está inmerso contextualmente como ocurre similarmente en su período de adulto.

En un estudio realizado por Benton y Bowles reseñado en el libro *Out of the Garden* de Stephen Kline (1995) se evidenció que los niños demostraron no ser muy articulados y auto reflexivos cuando se le presentaron distintos mensajes ideológicos a través de los medios de comunicación. Los niños eran menos abstractos y menos desarrollados cognoscitivamente en su visión de los productos de mercadeo que se le presentaron. Los más pequeños tenían aún un entendimiento confuso de los propósitos de la publicidad. Un hecho relevante es que los niños pequeños no pudieron distinguir entre los anuncios de la programación ordinaria y mucho menos pudieron descubrir el mensaje escondido y los propósitos detrás de los anuncios. Si difícil se les hizo a estos niños entender estos conceptos abstractos más difícil se les hizo expresarlos. Los niños y jóvenes son entes que continuamente están aprendiendo de las experiencias. Cada singular mirada que hacen alrededor suyo se convierte en espacios pedagógicos. No podemos reducir al tiempo en la escuela el período de aprendizaje de nuestros niños y jóvenes. Los espacios pedagógicos son sitios sociales en que se incluye, pero no se limita a las escuelas.

En mi opinión, nuestra investigación pedagógica ha estado ajena a esta discusión. Pero estamos a tiempo para ponernos al día. Es imperioso que comencemos a pasar juicio sobre lo que tenemos y en el lugar del tiempo pretérito en que estamos. Se hace imperioso que educadores y sociólogos comencemos la discusión de estos temas con miras a la producción curricular futura y a los posibles cambios reformistas.

Hace un tiempo leí en uno de nuestros periódicos principales unas expresiones de la Dra. María T. Miranda que iba al meollo del asunto. Ella afirmaba que cuando presenciamos a grupos de jóvenes con costumbres que "nos preocupan" sabemos que luego van a tener costumbres delictivas y, por esa preocupación, se preguntaba: ¿Cómo se forma a esos jóvenes? ¿Qué podemos hacer para formarlos y no deformarlos?

El discurso pedagógico crítico y el semiótico post-modernista es imprescindible para la producción pedagógica y necesaria para responder a la pregunta de la dilecta psiquiatra. Estos discursos proponen el estudio reflexivo de la sociedad y su lucha de poderes y el entendimiento del mundo a base de la unidad del lenguaje y de sus signos. Según Baudrillard (1998), es tal la madeja de significados que pesan sobre los signos que, al presente, las palabras, no remiten al individuo a una realidad objetiva -- por llamarla así -- sino a una hiperrealidad o simulacra. Para el trabajo pedagógico habría que decodificar esa mitología del lenguaje, a la que aporta sustancialmente la televisión que diariamente ven nuestros estudiantes, el cine y los medios de comunicación masiva en general.

Son varios los estudios que señalan que nuestros niños dedican diariamente un promedio de cuatro horas frente a la televisión. El mensaje que reciben por ese medio compite con gran ventaja sobre el mensaje que ofrecen los padres en el seno familiar y desde del salón de clases. La pedagogía crítica y la post-modernista requieren que se le preste atención especial a la lectura de imágenes y que se les provea a los estudiantes de las destrezas críticas de discernimiento sobre lo que están presenciando. Esta es una manera de proveerlos de los recursos de emancipación sobre el control de una hegemonía cultural y económica representada por la publicidad y el mercadeo de productos. Es proveerle de las herramientas para que puedan discernir en torno a la violencia abierta y simbólica a la que vienen siendo sometidos, falsificándoles una realidad y fabricándoles unas esperanzas -- que están ajenas a sus contextos socio-económicos -- y que en ocasiones tienen impacto permanente en sus conciencias y que se refleja en sus conductas.

Giroux (1983) sostiene que el propósito de este tipo de pedagogía crítica y postmodernista es revocar la tendencia de la creciente falta de poder en los individuos proveyéndoles de las competencias necesarias para resistir el poder de la industria cultural y aprender a rehacer la cultura de manera que podamos producir una cultura y una sociedad más democrática y participatoria. Me pregunto ¿cuánto está tomando nuestro Departamento de Educación de esta experiencia para la producción curricular; del impacto de los medios de comunicación en la producción de las subjetividades en nuestros niños y jóvenes? ¿Qué tiempo está tomando la familia? ¿La Iglesia? Hay otros enfoques que desarrollan el proyecto de cómo el mensaje de la televisión y los medios impresos, y el mensaje pedagógico abierto y disfrazado en las rutinas que caracterizan la vida diaria dentro y fuera del salón de clases, se alían para la reproducción de una manera de vivir, de pensar y de ver el mundo exterior, conveniente para la cultura económica dominante.

Las instituciones educativas y los medios de comunicación son los vehículos por excelencia no tan solo para la producción, sino para la reproducción del conocimiento y la cultura dominante de la sociedad, lo que permite, a su vez, la reproducción del control social existente, del modelo industrial y de los intereses de capital. En otras palabras, esta alianza representa un importante lugar en la construcción de subjetividades y disposiciones; donde los estudiantes de las diferentes clases sociales aprenden las destrezas necesarias para ocupar su lugar específico en el mercado del trabajo y con ello en la sociedad. Sin embargo, reproduciendo esa cultura, los medios de comunicación y las instituciones educativas llegan a ser cómplices en la reproducción de las desigualdades e injusticias inherentes al sistema, acusación con el que ningún sistema educativo quisiera ser aludido.

La epojé griego-husserliana y la deconstrucción situacional

Hemos dejado meridianamente claro que en nuestra sociedad espectacular lo verdadero está escondido en lo obvio y transparente. Eso es, lo que está a la vista es sencillamente el simulacro (Baudrillard,

1983) de la verdad escondida, que de hecho, ya la ha venido a reemplazar. Y en el momento en que el espectáculo deja de producir asombro en nosotros y los ojos se adaptan a las luces y los colores, cuando todo se normaliza y el mundo real queda extinguido y queda recreado el simulacro, retorna peligrosamente lo normal, lo común, lo rutinario y lo cotidiano. En ese momento el milagro se ha hecho y todo ha quedado consumado.

Pierre Bourdieu (1977) señaló la necesidad de romper con el sentido común que fue instalado. Esta ruptura aseguraría la imprescindible distancia de los prejuicios y de las prenociones en la búsqueda de una teoría de la verdad. Habría que separarse o enajenarse, como los astronautas se separan del planeta, para poder verlo desde la perspectiva más objetiva posible, donde sea válida la pregunta -- sin prejuicios -- de ¿a quién o a quiénes le conviene que piense como pienso y actúe como actúo? Esto es, una especie modificada del imperativo categórico kantiano que responda a la pregunta de ¿si todo el mundo se condujera de esta o esta otra manera, a quién o a quiénes beneficiaría? Cuando podamos hacer eso, entonces nos iniciamos en lo que algunos autores han llamado la ironía post modernista. Para ello tendríamos que luchar contra la ilusión del saber inmediato, contra la transparencia. Realizar un distanciamiento necesario para comprender y analizar nuestros objetos y problemas de estudio. Romper con la "ingenuidad del sentido común", como diría Bourdieu (1977), consistiría en no quedarnos en reproducir lo que la gente y nosotros mismos pensamos de cómo y por qué se dan las cosas dentro de la normalidad. Trabajar sobre el sentido común consistiría en cuestionar nuestras primeras apreciaciones de lo que pensamos de los fenómenos que experimentamos. Es no quedarnos con lo primero que pensamos, ni tampoco con lo que nos dicen o vemos en impresiones primeras. Se trata de ir más allá de lo evidente y buscar lo que puede estar escondido. Se trata de retornar al discurso metódico cartesiano, abandonar todo el material de conocimiento existente y erigir todo de nuevo desde la duda.

De igual manera, tenemos que buscar romper con las situaciones de hechos – del espectáculo -- que nos han creado para dominarnos. Pero, igualmente, tenemos que darnos a la tarea de construir situaciones, o ambientes colectivos, que convengan al ambiente deseado. Tenemos que provocar a la historia para que esta nos favorezca en lugar de que la historia vieja nos provoque – desde la enajenación -- a conducirnos a la manera que la han escrito. Esto es, tenemos que comenzar a escribir nuestra historia futura con nuestros propios lápices.

Capítulo 6

Vigilancia y Monitoreo

El inspector invisible reina como un espíritu; pero ese espíritu puede, en caso necesario, dar inmediatamente la prueba de una presencia real. Esa prisión se llamará panóptico, para expresar en una sola palabra su ventaja esencial: la facultad de ver, con sólo una ojeada, todo lo que allí ocurre. (Jeremy Bentham, 1791)

Un artículo publicado en el New York Times en agosto del 2007 decía lo siguiente:

"Por lo menos, 20,000 cámaras de vigilancia policíaca han sido instaladas en las calles del sur de China y próximamente las mismas serán guiadas por un sofisticado programa de computadora financiado por una compañía norteamericana mediante la cual se pueden reconocer, automáticamente, las caras de los sospechosos más buscados

por la policía y permite, además, la detección de aquellas actividades inusuales. Comenzando este mes, en un vecindario cercano al puerto de Shenzhen, una ciudad de 12.4 millones de habitantes, se estarán distribuyendo a los residentes identificaciones con unos 'chips' poderosos diseñados por la misma compañía norteamericana. La data en el 'chip' incluye, no solamente el nombre y dirección de la persona, sino también su historial de trabajo, de estudios, religión, etnicidad, récord policíaco, médico, seguros y sus teléfonos. Incluso su historial reproductivo será incluido en la información dada la política China de "un solo hijo". Se están haciendo estudios para que se añada el historial de crédito, los pagos a los vehículos de transportación soterrados y las compras cargadas a crédito.

Expertos en seguridad describen los planes chinos como el esfuerzo mayor a nivel mundial por combinar los últimos adelantos tecnológicos con el trabajo policíaco a fin de perseguir y luchar en contra del crimen. Pero esos mismos expertos sostienen que la tecnología puede ser usada para violar los derechos civiles." (Hasta aquí la cita).

La noticia hace referencia a que el gobierno chino – a nivel nacional - ha ordenado a las autoridades de las grandes ciudades aplicar los adelantos más recientes de la tecnología al trabajo policíaco y a emitir tarjetas residenciales de alta tecnología a más de 150 millones de personas que se han mudado a la ciudad pero que no han adquirido todavía su residencia permanente. Añade que los expertos de seguridad occidentales han sospechado por varios años que las agencias de seguridad china han estado dando seguimiento a individuos monitoreando sus celulares y, sostienen, que el sistema de seguimiento de la policía de Shenzhen confirma el hecho.

Personalmente, creo que lo que se ha planteado como ocurriendo en China no resulta un fenómeno exclusivo del planeta. Ello viene ocurriendo por todos lados. La privacidad del ser humano, un elemento que la mayoría de las constituciones nacionales han protegido con extrema rigurosidad, ha dejado de ser respetada por las instituciones oficiales y de todo tipo, e inclusive, por aquellas autoridades encargadas de proteger y respetar la privacidad humana. El sociólogo Anthony Giddens (1986) ha dicho que la sociedad de hoy día posee cuatro grandes dimensiones: capitalismo, industrialización, poder militar y vigilancia. Y en cuanto a la vigilancia dice que es fundamental para la sobrevivencia de toda organización relacionada con la modernidad. De ahí se explica lo que hemos descrito hasta el momento; se trata de la sobrevivencia de las instituciones de dominio, las que no quieren arriesgarse y menos ceder a otras fuerzas de competencia. Hagamos un recuento para entender un poco más el asunto.

Del momento del 'soplón' en que se inició el proyecto de la vigilancia social hace siglos atrás, se ha dado el paso significativo a toda una amalgama de de medios y tecnologías de vigilancia. Hoy día los ojos del Hermano Mayor nos siguen los pasos día y noche, tanto cuando estamos despiertos y cuando estamos dormidos, y hasta como cuando estamos en las calles abiertas o recluidos en el sagrado recinto de nuestro hogar. Virtualmente, ya no podemos escondernos ni en nuestra privacidad. Estamos constantemente expuestos a los ojos siempre abiertos de aquellos que poseen esta alta tecnología de vigilancia. Son infinitos los medios y extraordinariamente numerosos los lugares y los métodos que son utilizados. Por ejemplo: en cada ocasión que utilizamos nuestras tarjetas de debito o de crédito, es casi seguro que estamos siendo vigilados. Lo mismo ocurre cuando entramos a un edificio multipisos, a un centro comercial, a un restaurante o a un supermercado. Una pequeña cámara, casi invisible, persigue nuestros pasos. Si vamos a salir del país, estaremos siendo vigilados y monitoreados en el aeropuerto desde donde partimos, y de seguro, que lo mismo ocurrirá en el aeropuerto al que arribamos. Si desde nuestra computadora entramos al Internet, nuestra propia computadora le estará diciendo a un universo de desconocidos nuestras preferencias y nuestros hábitos de consumo. Y es que desde mediados del siglo XX, gracias a la tecnología y a la computarización, nos hemos convertido en la sociedad más vigilada de la historia.

Sobre el particular, David Lyon, en su libro El Ojo Electrónico dijo en el 1994 lo siguiente:

"La vigilancia concierne a lo mundano, de lo ordinario y de lo que se

toma como dado de un mundo en que pueden sacar dinero de una maquina de banco, hacer una llamada telefónica, solicitar beneficios médicos, guiar un auto, utilizar la tarjeta de crédito, recibir basura postal, seleccionar libros de la biblioteca, o cruzar los límites territoriales de un país a otro."

Esto es así porque en cada una de las anteriores actividades una computadora registra nuestras acciones, las traduce en datos, almacena lo que todavía no tiene, las compara con otros datos que ya se poseen de nosotros, nos identifica como que somos quienes hacemos la transacción, evalúa nuestra condición financiera y nuestro status como ciudadano y nos envían las cuentas de cobro. Estos hechos tienen varias vertientes de las que destacamos dos: primero, que en prácticamente todas las ocasiones, nuestros vigilantes son imperceptibles y desconocemos su identidad. Esto es, no se dejan ver y no sabemos quienes son. Segundo, que el producto de la vigilancia no se queda en las fronteras nacionales de donde procedemos, sino que viaja en cuestión de segundos por todo el globo terráqueo. Lo mismo ocurre con el estado financiero de cada uno de los habitantes del planeta. Este podrá ser conocido por el requeriente con tan solo pulsar un botón. Esto implica que un acto ilegal que cometamos, o alguna deuda que tengamos en algún lugar del planeta, por recóndito que sea, podrán ser conocidos en todo el mundo. Si el asunto es muy extraordinario, no le extrañe que nuestro perseguidor utilice los servicios de algún satélite que orbita alrededor del planeta para rastrearnos y ubicar nuestra posición geográfica.

Ciertamente, hoy día, tenemos que decir que es virtualmente imposible quedarnos escondidos por mucho tiempo. Y por el curso que van las cosas, hasta nuestros pensamientos dejarán de ser exclusivamente nuestros dentro de poco. Aquellos que han visto la cinta hollywoodense de título 'Minority Report' podrán visualizar el asunto desde la perspectiva de una realidad posible. En esta cinta, un agente es perseguido por las propias autoridades policiales a las que pertenece luego de éstas haber leído su pensamiento mediante una última tecnología y pretenden evitar un crimen que este agente se supone vaya a cometer en el futuro. Hasta este punto podemos ver lo que está sucediendo. A esta altura del siglo XXI nadie se escapa de ser vigilado y rastreado por algún medio. Y preocupa la ausencia de una cultura de contra vigilancia lo que convierte a la vigilancia en un especie de animal sobrepoderoso e impune a sus acciones ilegales y los excesos que pueda cometer.

Como hemos dicho, en estos días resulta en una lamentable realidad de que la privacidad personal ha desaparecido. Nuestras respectivas individualidades han perdido privacidad. Son ahora vidas públicas o mejor decir expuestas al fisgoneo oficialista o empresarial privado. Nuestros secretos han dejado de serlo. Es como si pasásemos los días caminando al desnudo por todos lados, donde lo único que queda por verse son nuestros pensamientos. Y eso, bueno, hay hasta que ponerlo entre comillas.

Hoy en día, los exámenes de DNA representan un preámbulo válido al mensaje detrás de 'Minority Report'. Mediante estos exámenes, los científicos pueden visualizar el futuro de la condición de salud de los seres humanos, determinando las condiciones patológicas que desarrollarán en los años por venir y, más sorprendentemente, tan específico como en cada etapa de sus vidas. Esos secretos tan íntimos quedarán develados al mundo con las implicaciones que ello conllevan. Por ejemplo, no habrá ninguna casa aseguradora que vaya a emitir un seguro médico a una persona cuyo análisis genético revele que a la edad de treinta y cinco años va a desarrollar una enfermedad catastrófica, cuyo tratamiento costará cientos de miles de dólares. ¿Qué institución bancaria extendería un empréstito de cuantía considerable a una persona que vaya a perder su estabilidad emocional o que vaya a desarrollar una urgencia por el alcoholismo o una adicción a las drogas? Ya lo auguró, Jean-Francois Lyotard en su libro *La Condición Postmodernista* (1979) cuando describió a la sociedad postmodernista como una que sería altamente dependiente de la tecnología de la información y que dependería de un constante flujo de información fresca y nueva.

Hay personas que cuestionan la ética del uso indiscriminado de la tecnología de vigilancia arguyendo que ello va en contra de los derechos a la privacidad y a la intimidad. De otro lado, hay quienes ven en la vigilancia universal un lado positivo y señalan que hoy día se hace necesaria para mantener los controles y el orden para vivir en sociedad. A manera de sentirnos moderadores en el asunto, podemos tranzar diciendo que la vigilancia de por si no es buena o mala, sino los propósitos que se esconden detrás del uso de los datos que se adquieran.

El ejercicio de la vigilancia individual y social no es un asunto solamente de nuestros días. La historia traza numerosos momentos en que la vigilancia fue instaurada y ejecutada con determinación por los grupos dominantes. Los objetivos eran diversos como lo son hoy día. Por ejemplo: los egipcios mantenían récords de la ciudadanía para fines contributivos, servicios militares e inmigración. Los israelitas realizaban censos periódicos sobre la población. Los griegos y los romanos hacían lo propio, a manera de mantener el conocimiento de la población que necesitaba servicios, que debían pagar contribuciones y cuyos jóvenes debían participar en las fuerzas militares. Luego, en la Edad Media, durante el feudalismo, se levantaban censos poblacionales y récords de la producción agrícola de los feudos, de manera que se pagara lo correspondiente al Señor Feudal. Posteriormente, con el surgimiento del capitalismo, la vigilancia se discutió dentro de dos perspectivas: la marxista y la weberiana. Posterior a ambas, ya al final del pasado siglo XX, se ha estado discutiendo la perspectiva foucaultiana, la cual se mantiene vigente en la primera década del siglo XXI.

La concepción marxista de la vigilancia estaba, por su lado, enmarcada en las luchas que se desatan naturalmente entre el mundo laboral y el capital y entre las empresas y negocios y el sistema capitalista. Estas luchas parten con la incorporación de grandes números de trabajadores al sistema de trabajo corporativo e industrial, y las luchas por reclamos de derechos y compensación justa, por un lado, y de disciplina y rendimiento por el otro. Según dijo David Lyon (1994):

"De acuerdo con la nueva doctrina, el trabajador era, en sentido formal, una persona libre. Pero el gerente capitalista tenía que mantener el control de los trabajadores de manera que pudieran

conservar el negocio de manera competitiva, produciendo tanto como posible en un tiempo dado y al menor costo".

Por su lado, la weberiana – aunque tomaba en cuenta el hecho de que la vigilancia se contemplaba como un acto propio del capitalismo – rechazaba que el asunto se redujera a uno de controversia entre la clase trabajadora y la empresarial. Para Weber (1997), la vigilancia estaba enmarcada en el tema de la burocracia, que es solo uno de los temas que tienen las empresas capitalistas. Weber (1997) en su relato sobre la burocracia justificaba la producción de carpetas de manera que se pudiera garantizar eficiencia y predictibilidad. Decía que aparte de estas funciones, las carpetas servían además de herramienta para la función de vigilancia. Las actividades de los empleados y de la gente pueden ser supervisadas, coordinadas y controladas mediante el récord de pasadas actuaciones y conducta de los individuos.

Sobre la aplicabilidad del concepto de vigilancia en Weber como manera de garantizar la productividad, Lyon (1994) sostiene que:

"En el mundo del trabajo capitalista, por ejemplo,… todo es guiado hacia hacer las decisiones más calculadas y cuidadosas posibles. Todas las administraciones son basadas en documentos escritos, gerenciadas por una jerarquía de oficiales pagados, y reglas impersonales basadas en el conocimiento más actualizado. La eficiencia es alegadamente maximizada a través de este sistema, así como el control social. Los miembros vienen a aceptarlas reglas como racionales, justas e imparciales"

Foucault (1995) le añade a esto que el hecho de que los individuos conozcan que los están vigilando abona a la disciplina y al control. De hecho, en la sociedad moderna la vigilancia se ha convertido en una herramienta disciplinaria a nivel de largas poblaciones, especialmente en el contexto del capitalismo.

En cuanto a la vigilancia panorámica de todo el espectro social, los Estados Unidos han estado asumiendo el liderato mundial desde principio del Siglo XXI.

Desde los incidentes del derribo de las dos Torres Gemelas en septiembre 11 del 2001, las compañías norteamericanas en la tecnología de la vigilancia y el monitoreo se han colocado en un lugar competitivo con las compañías que mantenían el dominio en ese renglón. Desde esa fecha, la intención hacia un mayor monitoreo y vigilancia de la población ha ido creciendo vertiginosamente. Esto es así, no solamente por sentirse en constante amenaza, sino porque cuando se persigue el control se hace indispensable la vigilancia y el monitoreo. Aquel que manda tiene que asegurarse que su rebaño se mantenga alineado y para ello, tiene que hacerse de las técnicas y la tecnología más avanzadas. Ambas se hacen evidentes en nuestra sociedad. Últimamente, las empresas de tecnología de vigilancia y monitoreo se han dedicado a la implantación de un sistema de monitoreo nacional más sofisticado que el que tradicionalmente tenía y mucho más amplio y especializado que el del no declarado sistema de seguimiento mediante el número del Seguro Social. Los incidentes de septiembre 11 han sido la excusa para ello. La seguridad nacional es la razón que se trae como excusa, pero ello no es del todo cierto. Desde mucho tiempo antes del ataque a las dos Torres Gemelas, las empresas norteamericanas Honeywell, I.B.M., General Electric y United Technologies fueron sumamente agresivas en persecución de contratos en China para la venta de equipo de vigilancia. Ahora, en preparación de las Olimpiadas que se celebraron en China en el 2008 hicieron su agosto nuevamente.

En el 1948, George Orwell acuñó la frase 'el Hermano Mayor nos está vigilando' en su famosa novela titulada 1984. Sus palabras, más que una descripción del momento, eran proféticas. En la novela, Orwell nos introdujo al concepto del 'vigilante siempre presente', fundamentado en los principios introducidos por el británico Joseph Bentham quien, allá para el 1791, hizo una propuesta que denominó el Panopticón. Lo novel de la propuesta de Bentham era que el vigilante nunca aparecía de frente y aunque no aparecía físicamente, el vigilado sentía que éste mantenía sus ojos siempre abiertos. El vigilado, aunque no podía ver a su vigilante, sentía su presencia. Era tan efectiva la estrategia de sentirse vigilado por alguien que no se veía, que la impresión era de que nadie se escapa a su vista, ni en el tiempo ni en el espacio. Sentían que lo podían tener al lado y que no se daban cuenta de que estaba ahí y que estaba acechando todos sus actos y revelándolos al 'Hermano Mayor'. Este tipo de vigilante lo podemos rastrear ahora a ciertos regímenes que imponen su dominio edificando toda una fantasía de democracia, generosidad y libertades, pero que en realidad se tratan de regímenes dictatoriales y opresores. Estos prefieren imprimir su sello a través de la imposición ideológica (hegemonía), el adoctrinamiento, la producción de mensajes desviados y falsos y el control de los medios. Pero, como medida cautelar, dependen grandemente de la vigilancia y el monitoreo de sus subordinados a fin de conservar la 'paz' donde pudiera partir la semilla de la sedición.

Muchos autores han identificado ciertos paralelismos entre la sociedad actual y la sociedad orwelliana de 1984 en la que el 'Hermano Mayor' era el comandante en jefe, el guardián de la sociedad, el dios pagano y el juez supremo. Orwell (1948) lo describió como el protector de los ideales del Partido, que era único y todopoderoso y que vigilaba sin descanso. Se trataba del fantasma que se concretizaba en un Partido, el que en nuestro tiempo representa la gran economía global, al que tienen que pertenecer todas las personas. Nadie podría pensar en ser distinto y pensar distinto a lo que se pensaba en el Partido. No había cabida para la diversidad. El Partido requería que el 'todo social', el 'todo el mundo', estuviera integrado sin que nadie quedase excluido. El Partido imponía uniformidad de pensamiento tanto como de acción. Todo ser humano bajo el cielo tenía que pensar igual, desear por igual, tener las mismas aspiraciones y los mismos sueños. Se trataba de una sociedad, cuyos miembros tenían que asemejarse unos a otros, fundirse en un solo cuerpo, en un ente absolutamente homogéneo.

El Panopticón

Los sistemas modernos de vigilancia y control universal – tomados prestados por Orwell (1948) y otros – parten, como dijimos, de la propuesta de Joseph Bentham. Veamos de qué se trataba: El

Panopticón era un diseño carcelario novel para su época y alternativo al sistema tradicional de entonces. Las personas que había de separar de la sociedad, fuera porque transgredieron al orden y la ley, fuera por cuestiones mentales o de salud, eran colocados en celdas cerradas mientras se les impartía la disciplina correspondiente, se aliviaban sus desviaciones mentales, se lograba su sanación física, o – si la muerte llegaba primero – se tramitaba su defunción. Hasta aquí no habría nada de novel.

La originalidad del nuevo modelo estaba en su diseño. Se trataba de una penitenciaría en un edificio circular. Los aposentos de los presos formaban el edificio de la circunferencia con una altura de seis pisos. Eran celdas abiertas del lado interior con un enrejado de hierro que exponía a los presos por entero a la vista del vigilante quien se encontraba en otra torre que ocupa el centro. A su vez, la torre de inspección estaba circundada por una galería cubierta con una celosía transparente, la cual permitía que la mirada del inspector penetrara en el interior de las celdas y – bien importante -- que impedía ser visto por los reclusos. Esto es, los inspectores podían ver a los presos, vigilar sus actos todo el tiempo pero los presos no podían ver a los inspectores. La ubicación de la torre permitía a los inspectores a que con una ojeada vieran a los presos y, al moverse en un reducido espacio, alcanzaran una visión panorámica en escasamente un minuto.

Por otra parte, unos tubos de hojalata salían de la torre de inspección a cada celda, de modo que el inspector, sin ningún esfuerzo de la voz, sin moverse, podía avisar a los presos, dirigir sus trabajos y hacerles sentir su vigilancia. Uno de los beneficios principales del Panopticón era que al impedir que los inspectores fueran vistos por los prisioneros, la mera idea de su presencia – aunque estuvieran ausentes -- era tan eficaz como la presencia misma. Según Bentham, el inspector invisible reinaría como un espíritu pero, en caso necesario, podía dar inmediatamente la prueba de una presencia real. Esa mera idea de la presencia permanente hacía, posiblemente innecesaria, que ni tan siquiera el vigilante vigilara. Bastaría con que los vigilados sintieran que podrían ser vistos, sintiendo la mirada pesar sobre sí, para que terminara por interiorizarla hasta el punto de vigilarse a sí mismo y actuar en consecuencia. ¿No es este mismo sentimiento, lo que sentimos muchos de nosotros los ciudadanos libres a la entrada de este siglo XXI? ¿No es lo que sentimos cuando entramos a un centro comercial, a algún edificio público o a alguna institución bancaria?

El sistema de Bentham iba más allá de castigar las conductas erróneas, sino que permitía también servir de corrector a los infractores. Esto es, les permitía a los vigilantes redirigir o realinear a las personas que se habían desviado de las normas. En cierta manera, el Panopticón tenía la función de resocializar a los disociadores. Se trataba de un sistema de vigilancia que buscaba conocer – con el propósito de regular y controlar – a aquellos que estaban bajo su dominio. El Panopticón no tenía el objetivo de prevenir conducta ni a evitar ciertos males, sino que se dirigía a reformar, otra palabra para reeducar, al individuo en su interior para alinear su conducta, aumentar su rendimiento, ganancias y utilidad. De esta manera, las autoridades podían garantizar una conducta conveniente a sus propósitos. ¿Coño, no este el mismo diseño que se nos aplica diariamente desde las altas esferas de la economía y el comercialismo?

Ya lo dijo Bentham en el 1791:

"Si encontráramos una manera de controlar todo lo que a cierto número de hombres les puede ocurrir; de disponer de todo lo que esté en su derredor, a fin de causar en cada uno de ellos la impresión que se quiera producir; de cercioramos de sus movimientos, de sus reacciones, de todas las circunstancias de su vida, de modo que nada pudiera escapar ni entorpecer el efecto deseado, es indudable que en medio de esta índole sería un instrumento muy enérgico y muy útil, que los gobiernos podrían aplicar a diferentes propósitos de la mas alta importancia".

Foucault (1995) ha dicho que Bentham plantea en su diseño el problema de la visibilidad totalmente organizada alrededor de una mirada dominadora – anónima y amenazante, añado yo – y vigilante. Añade que Bentham pone en marcha el proyecto de una visibilidad universal que actuaría en provecho de un poder riguroso y meticuloso donde cada camarada se convierte en vigilante. Esto se da así, indica, porque la mirada es una tarea universalizada e integrada a la normalidad diaria. Foucault (1995), tomando las ideas de Bentham, por un lado, y las de Orwell (1948), por el otro, y trayendo todo al presente sostiene que somos una sociedad altamente vigilada y monitoreada. Y dice que hay unas razones para vigilar y monitorear nuestros pasos y nuestras acciones hoy día. Primero, se pretende que nuestros pasos y acciones estén sincronizados y sigan los caminos establecidos por el 'Hermano Mayor'. Segundo, porque a la dominación capitalista gustaría conocer cuáles son nuestras preferencias para dirigirnos a determinados artículos de consumo y, tercero, identificar nuestras debilidades para provocar nuevas necesidades que obliguen a la introducción de nuevos artículos que las satisfagan. Esto se da así aún cuando desde el gobierno y las grandes corporaciones continuamente se pintan como ajenas y llegan hasta negar su participación en el proceso de hegemonización. Pretenden, entonces, hacer ver que todo se trata como un asunto de la normalidad, la lógica y el sentido común.

El principal problema que genera el sistema vigilante y controlador es el menoscabo y disminución de las libertades políticas individuales, en especial el derecho a la privacidad. Pero ¿qué importa?, podría llegar a concluir. La privacidad dejó de existir. Somos hombres y mujeres expuestos al escrutinio irreverente del 'Hermano Mayor'. El reto sería liberarse del yugo de sentirse eternamente vigilado por ojos que no se ven.

En una monografía firmada por Ana María Ángel Arboleda y Andrés Serna Isaac para Monografías. Com, los autores dijeron que en efecto, este sistema permite al portador del poder los siguientes objetivos:

- En primer lugar, crea un escenario de observación de los sujetos que permite su individualización. La separación entre los individuos permite un conocimiento pleno de los sujetos, un conocimiento no solo de su conducta en las distintas áreas de su vida, sino también de sus disposiciones internas, es decir, un conocimiento de su "alma",

De este modo, el individuo se encuentra absolutamente desnudo frente al sistema, pero no desprotegido.

- En segundo lugar, permite ejercer influencia sobre la conducta y disposiciones internas de los individuos. El panopticón no solo permite conocer a los individuos, sino también modificarlos y determinarlos según las necesidades y expectativas sociales. En este sentido, el panopticón es un lugar, no solo de observación sino de experimentación.

Hacia el Panóptico del Siglo XXI

El sociólogo venezolano Nelson Méndez publicó en el 1996 un artículo denominado *Hacia el Panóptico del Siglo XXI* en la Revista Venezolana de Economía y Ciencias Sociales. En su artículo, Méndez reseña un sinnúmero de herramientas de alta tecnología que se están utilizando en este período de principios de siglo. Todas ellas siguen la tradición comenzada por Bentham del vigilante siempre presente. Veamos algunos de los ejemplos que Méndez nos presenta:

El primero es el 'smart card' o la tarjeta inteligente. Este aparato de identificación es muy distinto al tradicional dado que penetra hasta lo más íntimo del individuo. La tarjeta tiene huellas dactilares electrónicas e imágenes del rostro, y hay la posibilidad de confrontarlas por enlace inalámbrico con una base de datos de la población. La misma tiene capacidad de almacenar el historial delictivo, de crédito, el de salud y hasta el resultado de los exámenes digitales.

Para explicar el impacto de lo que el 'smart card' y otra tecnología pueden hacer, Méndez discutió el caso de Tailandia. Dijo que el banco de datos central de la población Tailandia y su sistema de documentos de identidad desarrollados por Control Data Systems de EE.UU., fueron elementos claves de un procedimiento de información múltiple que ha sido utilizado por el ejército tailandés para fines de represión política. La Control Data Systems diseñó para el gobierno Tailandés un sistema que permitía acceso a una gran variedad de bases de datos incluyendo: Base Central de la Población, Sistema Electoral

Nacional, Base de los Miembros de Partidos Políticos, Listas de Votantes, Sistema de Registro Electrónico de Minorías, Sistema de Identificación de Huellas Electrónico, Sistema de Identificación Facial Electrónico, Sistema de Información de Población y Vivienda, Sistema de Recaudación de Impuestos, Sistema de Información de Pueblos, Sistema de Información Secreto, Sistema de Opinión Pública, Sistema de Investigación Criminal, Sistema de Seguridad Nacional, Sistema de Control de Pasaportes, Sistema de Control de Conductores, Sistema de Registro de Armas, Sistema de Registro Familiar, Sistema de Control de Extranjeros y Sistema de Control de Inmigración.

Los sistemas de vigilancia, como se dijo anteriormente, llegan hasta lo más íntimo del ser humano. No sólo penetran la identidad social sino que pueden penetrar hasta la identidad genética. ¿Qué es lo más cercano que el alma del ser humano tiene? Se trata del DNA o ácido desoxirribonucleico. Este es el que contiene el código genético nuestro. Hoy día, todos los estados de América del

Norte y en muchos países del planeta disponen de la maquinaria y de la base legal para tomar muestras de DNA de los criminales convictos y a los sospechosos de crímenes y virtualmente analizar el interior del alma de cada uno de ellos. Ya existe, además, la infraestructura para una red de computadoras que enlaza las bases de datos de todos los estados para así crear un registro nacional con millones de muestras.

Las preocupaciones en torno a esta práctica incipiente se han dejado sentir. Los planteamientos, según Méndez (1996), que se han traído giran en torno a lo siguiente:

  • Discriminación de parte de las empresas aseguradoras. Estas empresas con acceso a un registro nacional de genes que podrían utilizarlo para identificar a quienes no serían asegurables debido a una predisposición a ciertas condiciones patológicas. De hecho, la industria de seguros se ha manifestado en contra de legislación congresional dirigida a establecer unas limitaciones a los accesos a los récords genéticos de personas individuales con intención de proteger su privacidad.

- Discriminación al empleo. Patronos con el interés de tener personal bien saludable pueden comenzar a discriminar en contra de candidatos cuyos record genético no contenga las cualificaciones de excelencia que ellos buscan. Así es que el historial genético prontamente podría convertirse en parte del material de evaluación en momentos de la selección de los empleados.

- Espionaje genético. La vida de todo el mundo en el planeta podría estar expuesto a aquellos con acceso a los expedientes genéticos y que tengan intereses en darlo a conocer para los fines económicos o perversos que tengan. La vida vecinal, la vida escolar, y la vida social podría verse transformada por ello.

Hoy día, los nombres de prácticamente todas las personas del Primer Mundo y muchas del Segundo y Tercer Mundo, están inscritas en lo que se conoce como un banco o base de datos. Esto es posible hacerlo por los adelantos en la tecnología en las últimas décadas donde las micro fichas y los aceleradores han creado una capacidad de almacenamiento y procesamiento de datos que sería difícil imaginarlo treinta años atrás. Se han desarrollado medios electrónicos capaces de procesas billones de datos en cuestión de segundos. Esta capacidad ha estado disponible tanto para la empresa privada como de la pública. Para nuestros fines, tenemos que decir que una de las que más provecho le ha sacado a esta tecnología son los organismos y entidades dedicadas a la vigilancia y la monitoría. Y, como debemos esperar, uno de los líderes en esta acción son los Estados Unidos.

El gobierno norteamericano mantiene cientos, quizás miles de bases de datos conteniendo información sobre individuos. Una de los mayores, el *National Crime Information Center* (NCIC) del FBI que contiene millones de récords, capacidad que acrecenta exponencialmente cuando vemos que este sistema está conectado a más de 19.000 agencias federales, estatales y locales. Otras empresas privadas se han incorporado al proyecto. Empresas como E-Systems, Electronic Data Systems y Texas Instruments han desarrollado tecnología avanzada que está disponible ahora para gobiernos estatales y locales dentro de los EE. UU., la que es utilizada para labores policiales, guardia de fronteras y el manejo de programas de control social.

Cada día son más y más los almacenes de datos que están conectados unos con otros sin respetar fronteras espacio-temporales. Lo único que hay que poseer para establecer las interconexiones son los intereses comunes, políticos o económicos. Con el uso de solamente unos números de identificación, como lo es el del Seguro Social norteamericano o la cédula de ciudadanía en muchos otros países, se puede tener disponibles en cuestión de segundos los expedientes de billones de personas sin necesidad de un sistema centralizado.

El sector privado también se ha provisto de un sistema monstruoso para asegurar sus intereses económicos. Hoy día, las empresas de financiamiento pueden verificar el historial crediticio de virtualmente toda la población primer mundista al chasquido de los dedos. En los Estados Unidos, Equifax, Trans Union y Experian son tres de las más importantes. Estas están autorizadas por las leyes federales para incorporar el expediente de cualquier de cualquier norteamericano y revelar al mundo su historial de crédito. Y lo triste es que estas empresas pueden destruir la reputación de millones de personas sin tan siquiera pedir autorización para incluirles en su base de datos. Lo propio ocurre con los datos contenidos en el NCIC. La empresa Motorola Corp. ofrece acceso inalámbrico a ese sistema. Hay otros sistemas de datos a los cuales se puede acceder mediante el 'scan' de código de barras, de las licencias de conducir, y pueden hasta retrotraer imágenes desde los archivos centralizados. Méndez (1996) sostiene que utilizando facturas de venta, encuestas, informes de crédito, partes médicos, registros públicos de vehículos a motor, y muchas otras fuentes, las compañías de mercadeo directo devoran información sobre individuos para crear registros detallados y masivos, lo que se conoce como la operación de construir mercados objetivos.

El histórico método de identificación dactilar también ha sufrido los cambios resultantes de las invenciones tecnológicas. Disponible está en el mercado el nuevo sistema basado en la geometría de la mano y huellas dactilares, que mide la longitud, la distancia entre los dedos y analiza las huellas dactilares digitalmente. Esta nueva tecnología se ha estado implantando en cientos de aeropuertos del planeta, particularmente cuando reciben viajeros internacionales. Los viajeros frecuentes reciben una tarjeta inteligente que contiene sus medidas de mano individuales, la que al ser verificada establece su identidad. Los bancos y empresas de todo tipo están incorporando el sistema para identificar a sus empleados y su recorrido por las instalaciones físicas de la empresa.

Otro método que se viene utilizando el reconocimiento a través de la fisiología facial. Mediante el uso de la tecnología se digitaliza las curvas del rostro desde varios ángulos, información que se almacena en una base de datos o en una tarjeta inteligente y que luego para utilizarse para hacer el reconocimiento correspondiente de la persona. La tecnología está ya tan avanzada que la misma puede distinguir entre mellizos.

Hay otras empresas que han incorporado las emisiones particulares de calor de los rostros como otra medida de identificación. Los gobiernos vienen utilizando este método igualmente para monitorear y vigilar a potenciales terroristas, espías y criminales. Aquellos que tienen un historial sensitivo registrado en alguna base de datos que es compartida pueden ser reconocidos mediante este sistema. Se ha admitido por los desarrolladores, que el instrumento puede fallar con eventos de humor involuntario y/o el consumo de alcohol porque ambos cambian el termograma radicalmente. Por ello, el método se viene complementando con el reconocimiento individual de retinas.

Existe mucha otra tecnología implantada en virtualmente todos los países considerados desarrollados. Varias de éstas son descritas por Méndez (1996), del cual copiamos la parte pertinente.

Las más conocidas de esas innovaciones tecnológicas son:
1) Audio-sensores avanzados: sistemas de escucha que pueden reducirse al tamaño de un circuito integrado o ser capaces de localizar y caracterizar sonidos lejanos.
2) Cámaras de Televisión de Circuito Cerrado (CCTV): En muchos lugares del planeta hay millones de cámaras enfocando lugares públicos, empresas y hogares. Rama Chellappa, profesor en el Departamento de Ingeniería Eléctrica y de Computación de la Universidad de Maryland, y un grupo de sus estudiantes desarrollaron dos nuevas tecnologías de reconocimiento que mejoran el sistema de cámaras. Este sistema permite la identificación de sospechosos mediante la incorporación de un algoritmo que estima la estatura de los sujetos en el campo de visión de un monitor. Ello provee información adicional importante para identificar a

una persona, en particular cuando se mueve entre una multitud. El segundo invento se trata de un programa que detecta paquetes que se han dejado sin atender.

3) Forward Looking InfraRed (FLIR, visor infrarrojo de anticipación): capta diferencias de temperatura de 0,18 grados C, precisión superior a los sensores de calor antes usados, aparte que puede «ver» a través de paredes para vigilar actividades dentro de inmuebles.

4) Detectores de masa por ondas de milímetro: Desarrollados por la Militech Corporation, captan la porción de ondas de milímetros del espectro electromagnético emitido por el cuerpo humano, detectando objetos como armas y drogas a una distancia de 3,5 metros o más. También capta actividad detrás de una pared normal; 5) Monitor Van Eck: Recibe y reproduce los datos contenidos en cualquier computadora a partir de los bajos niveles de radiación electromagnética del procesador central, la pantalla y otros aparatos periféricos, aunque los expertos no están de acuerdo si el

alcance es unos cuantos metros o más de un kilómetro.

6) Sistemas de Transporte Inteligentes: tecnologías para el control del trafico aéreo, terrestre y acuático, incluyendo sistemas de evitar choques, colectores de peaje automáticos, rastreadores de posición por satélite, y reguladores del costo de peaje según trafico; gracias a ellos, los datos recogidos durante un viaje estarán disponibles para el uso de la policía y entidades privadas como las empresas de mercadeo directo. Los teléfonos celulares también pueden ser usados para el seguimiento del que llama.

7) Dinero Digital: Con programas de computadora y «smart cards» para reemplazar el efectivo, el consumidor podrá gastar su dinero de modo virtual, creándose un índice de datos sin precedentes acerca de sus preferencias individuales y hábitos. Una vez obtenida la información, se almacena en bancos de datos unidos a sistemas de Inteligencia Artificial, que repasan inmensas cantidades de data y captan tendencias y relaciones, para luego distribuir los resultados entre los

interesados con el suficiente poder político o económico.

Capítulo 7
La formación contrahegemónica

Y Dios les dijo al mundo: "hijos, ahí los dejo, para que los listos vivan de los pendejos". Y de eso se trata. Desde el mismo día de la Divina Creación, los listos han vivido de los pendejos... y tantos siglos después los listos continúan viviendo de nosotros.

La autora Mary S. Jackman (1996) dijo que el poder dominante ha escogido gobernar con guantes de terciopelo. En la medida en que no sea necesaria la violencia física, prefiere utilizar otro tipo de herramientas para mantener dominio y control del absoluto social. En su libro *The Velvet Glove*, Jackman describió, por ejemplo, el uso del paternalismo como herramienta de control sobre todo sentimiento de rebeldía y sedición y aplacar a los grupos que pudieran sentirse discriminados. La autora demostró que el paternalismo ha sido la medida de integración preferida por los dominadores para mantener controlados, en armonía y funcionando por largos períodos a los grupos que poseen la peor parte de la desigualdad social. Al grupo de los sumisos subordinados, también les es ofrecida una ración de amor pero, siempre y cuando se mantengan cumpliendo estrictamente con los estándares establecidos por los que representan la autoridad. A todas luces, estas estrategias han servido de detente a los eventos de rebeldía potenciales y de soporífero de todo tipo de conspiración manteniendo aletargados a los individuos y no reconozcan su estado de opresión.

Jackman (1996) enfatiza en las prácticas de coerción cariñosa como el paternalismo y el amor en las relaciones de clases, género y etnia y, aunque no alcanza a cubrir todas las interrelaciones que se dan entre los grupos, ciertamente hace consciente de cómo las históricas ayudas 'desinteresadas' de los dominadores y las 'conmovedoras' expresiones de buena fe, de corte cristiano muchas veces, como lo son, por ejemplo, los fondos de beneficencia, la vivienda pública, los cupones para alimentos y muchos otros, y las cartas de reconocimiento, fiestas de cumpleaños, actividades recreativas, bonos navideños, etc., son sencillamente medidas de control dirigidas a producir conductas de sumisión voluntaria. El mensaje a los grupos marginados es que no hay razón para rebelarse porque gracias a Dios existen sus 'hermanos mayores' quienes quieren y buscan el bienestar de todos y bien importante, suplen de las necesidades básicas, como un buen padre magnánimo. Pero mientras para propósitos de explotación utilizan los mensajes subliminales y escondidos, para vociferarle al mundo su naturaleza magnánima son, en cambio, total y absolutamente abiertos. Veamos:

¿Quién no ha escuchado los anuncios de publicidad que dicen que la banca es tu amiga? Por supuesto, que todo el mundo. ¿Cuántos de nuestros vecinos recurren diariamente a la banca pensando que el amigo les extenderá la mano para salir del problema económico que les aqueja? Podría sonar irónico al inicio de que la banca se represente como un amigo, pero eso es lo que vemos diariamente en los medios de comunicación. Se trata de pura estrategia de mercadeo.

¿Quién no ha visto alguna reconocida corporación entregando donaciones pingues a organizaciones sin fines de lucro? ¿Quién no ha visto documentales producidos y costeados por alguna empresa, entregando unas cuantas libras de alimentos en una pequeña aldea sudafricana? Realmente, ¿a estas tiernas corporaciones le palpita el corazón por el desposeído? ¿No habrá alguna otra estrategia escondida? ¿Qué creen?

Previo a Jackman, Antonio Gramsci había develado un método de opresión y dominación mucho más sutil al de la autora de *The Velvet Glove*. Se trataba de un proyecto de dominación de manera más callada y efectiva. La fórmula presentada por Gramsci (1971) establecía la mecánica del uso de las ideas y la convicción como un mecanismo de dominación. Se trataba de la práctica de inculcar las ideas de los grupos en dominio entre los grupos de los dominados y así ganarles el corazón, la conciencia y la voluntad. Para explicar un poco más claro el punto, quisiera pedir que nos ubiquemos en la posición del dominador y hagamos las siguientes preguntas: ¿Cuánto más conveniente sería lograr que los dominados estén dispuestos a someterse voluntariamente a mi autoridad? ¿No sería extraordinario? ¿Qué mejor técnica de control que poner a la gente a pensar de la manera como yo pienso? ¿Qué tal, si se logra que la población piense como yo quiero? ¿Qué tal, si que aquel al que yo exploto y oprimo pensase que no lo está? ¿Qué tal, si logramos conseguir que la gente piense que las diferencias económicas, étnicas, etc. son producto de una realidad incambiable, determinada en el nacimiento y que todo intento de cambiarlo atentaría en contra de la lógica y la razón; que pensar lo contrario sería ir en contra del sentido común? ¿Qué tal si se pensase que la sociedad como está es tan justa y equilibrada como puede ser?

La formulación teórica de la hegemonía gramsciana ha provisto, desde su aparición a mediados del siglo pasado, la base para analizar la naturaleza del Estado en la sociedad capitalista presente. La hegemonía, en términos de Gramsci (1971), es el proceso de dominación en que se utilizan las ideas y el liderazgo moral e intelectual sobre otros grupos a fin de mantener las relaciones de dominio tal y como existen. En otras palabras, los gobernantes prefieren establecer una cierta alianza para incorporar el interés de otros grupos sociales conforme las preferencias de ellos, los gobernantes. La hegemonía está fundamentada en un proceso educativo transformador donde la clase dominante articula los elementos comunes incluidos en sus visiones del mundo, en las visiones de los grupos aliados. De aquí, parte simultáneamente el proyecto mediante el cual se perpetúan las relaciones, al reproducirse las relaciones sociales existentes de poder entre las clases dominantes y los grupos subordinados. En este proceso de reproducción, se reproducen simultáneamente las desigualdades y las inequidades existentes en esas relaciones.

Es importante señalar que la producción hegemónica es dinámica; esto es, la hegemonía es un proceso activo porque siempre presenta el reto de conjugar fuerzas opuestas y acomodarlas en un juego social, funcional y armonioso, en lo máximo posible. Es un proceso de hacer de las desigualdades unas más llevaderas y hasta satisfactorias. La hegemonía, entonces, más que una manera efectiva del ejercicio del poder, se coloca en el punto de ser una creación artística-lúdica continua, que depende de una estructuración constante de la conciencia dominante en batalla por el control de la conciencia dominada.

Según hemos dicho, básicamente, el dominio nace del poder político y económico capitalista, aunque en la vida diaria otros tipos de expresiones de poder pueden y son utilizadas por la cultura dominante. Foucault y otros (Althusser, 1971; Bowles y Gintis, 1977; Bourdieu y Passeron, 1977; y Bernstein, 2008) han dejado claro que estas se basan en criterios de dominio por género, por raza, por cultura, etc.

Hemos argumentado, de la misma manera, que el mundo social no es equitativamente construido ni poseído por todos aquellos que escriben o han escrito sus historias. Como resultado de factores económicos e históricos, una cultura dominante controla el mundo social. Se trata de un control de base capitalista que permite que haya personas que vivan vidas ostentosas a cambio del sacrificio de otras vidas marginales y suprimidas que le sirven, aun sin proponérselo. Y esta situación se ha venido sucediendo desde tiempos inmemoriales. Esto es así, al grado de que la gente que en justicia debe poseer los mismos derechos y oportunidades que poseen los que dominan la cultura, según los principios de igualdad y equidad universal, se les niega la capacidad justa de construir su futuro. A esas personas la cultura dominante les ha arrebatado su autonomía y movilidad (Bowles y Gintis, 1977; Spring, 1991) y los ha colocado, en cambio, en posición de servir de peones incondicionales del poderío capitalista. Una cultura dominante que, a su conveniencia defiende y acciona sus intereses, cuando no se impone por la fuerza física, impone su ideología a través de numerosos medios y mediante ello preserva el "status quo" con los cambios de mantenimiento mínimos pero, en sus fundamentos inalterado, para garantizar que su futuro continuará tal y como está ahora, o en mejor de los casos, mucho mejor para ellos. La situación de opresión se hace más grave cuando consideramos que la tradición funcionalista weberiana ha penetrado la idea de que la historia del hombre se hace detrás de sus espaldas, que no son los hombres y mujeres quienes hacen la historia sino los que están en los niveles del poder y el dominio.

La experiencia nos dice que aquellos que han perdido sus elementos básicos de libertad al no pertenecer a la cultura dominante están impedidos de construir plenamente su vida social. Su mundo les ha sido impuesto por la cultura dominante, que como hemos dicho, utiliza las instituciones sociales para sus propósitos. La familia, las escuelas, las cárceles, las iglesias, la publicidad y los medios de comunicación de masas, entre otras, son las tecnologías que se utilizan para el ejercicio del control. Aquellos que dominan utilizan todo el aparato institucional para impregnar en la gente todo el material ideológico y simbólico necesario, la fuerza y la coerción, para lograr una conducta y hábitos que le favorezcan. En suma, mediante estos aparatos, las personas quedan atrapadas permanentemente en un círculo de ideologías, presiones, amenazas y desigualdades que las oprimen. (Gramsci, 1971; Althusser, 1971; Bowles y Gintis, 1977; Foucault, 1980).

Con el paso de los años, sin embargo ha surgido un sinnúmero de estudios con el intento de moverse hacia adelante por sobre todas estas prácticas de opresión hegemónica. Estos estudios, que elaboran el concepto de reproducción social y cultural, toman los conceptos de conflicto y resistencia como puntos de partida para sus análisis. La importancia mayor de estos estudios es que intentan conectar las estructuras sociales con la actividad humana lo que, según Giroux (1983) representa un adelanto de los estudios críticos previos que basaban su argumentación en el marco teórico que habían desarrollado pero daban muy poca -- sino ninguna – y hasta olvidaban o ignoraban, la agencia humana o la capacidad de los hombres y mujeres de tomar sus vidas en sus manos.

Las Teorías de Reproducción
        La fundación de una teoría crítica en torno a la reproducción puede trazarse desde el trabajo de la Escuela de Frankfurt, un grupo de escritores (principalmente, Max Horkheimer, Theodor Adorno, Erich Fromm, Walter Benjamin y Herbert Marcuse) conectados al Instituto de Investigación Social de la Universidad de Frankfurt. La Escuela de Frankfurt proveyó de un discurso y una forma de crítica que

permitió profundizar dentro de la naturaleza de las funciones de la sociedad, las ideologías ocultas y los intereses disfrazados en el mensaje del sistema, de los códigos y las rutinas que caracterizan la vida diaria. Utilizando este discurso crítico como una fuente de referencia, los investigadores de la Escuela de Frankfurt pudieron descubrir cómo el medio social sirve de ambiente de cultivo para la reproducción del conocimiento, las actitudes y los valores que interesan a los grupos dominantes, aquellos que abogan y actúan por la preservación del orden social vigente.

La Escuela de Frankfurt fue creada por Carl Grünberg en el 1923, aunque se le atribuye a Felix Weil el haber conseguido, de parte de su padre que era un hombre de negocios, los fondos para su financiamiento. Se trató de un sinnúmero de intelectuales comprometidos con el cambio y la reconstrucción social partiendo de la crítica marxista al capitalismo. El trabajo de estos intelectuales buscaba trascender las posiciones positivistas, cientificistas y puramente observacionales de las teorías tradicionales que partieron de la ciencia exacta de Augusto Comte, impartiéndole a la investigación un elemento de crítica social y cultural. El componente crítico fue derivado de la perspectiva crítica kantiana, pero particularmente la hegeliana, que negaba el idealismo puro. El elemento de crítica de Kant se fundamentaba en el ejercicio reflexivo filosófico sobre los límites establecidos por la tradición intelectual para cierto tipo de conocimiento, mientras Hegel negaba la existencia de un conocimiento científico verdadero si las verdades no habían tenido un confrontamiento previo con la realidad material.

Con todo esto en mano, la Escuela de Frankfurt se involucró en una serie de investigaciones sociales que produjeron una gran cantidad de literatura de alto valor contemporáneo. Temas como sociología pública, teorías social y sociológica y prácticas sociológicas fueron desmenuzados por los miembros de la Escuela. También fueron estudiados temas como sociología comparada, criminología, demografía, movimientos sociales, psicología social, sociología médica, sociolingüística y redes sociales, entre otros. Dieron paso, además, a estudios en el campo de la sociología, totalmente innovadores para aquella época, como por ejemplo: sociología educativa, de la cultura, de las desviaciones, de género, industrial, económica, del conocimiento, del derecho, de la política, militar, de la religión, de la ciencia y de la estratificación.

De todas estas manifestaciones, en esta ocasión nosotros estaremos más interesados en la sociología educativa y del conocimiento, desde el marco de una sociedad capitalista industrial, que dieron fundamento y base a las teorías de producción y reproducción que fueron trabajadas posteriormente por los herederos del movimiento de Frankfurt. Hablamos de las teorías de reproducción social (Althusser, 1971; Bowles y Gintis, 1977) y la de reproducción cultural (Bourdieu y Passeron, 1977; Bernstein, 2008).

La reproducción social

La teoría de reproducción social afirma que la educación formal e informal ocupa una posición privilegiada en la sociedad que le permite actuar en la reproducción de las formas sociales necesarias para la preservación de las relaciones de producción económica y de capital. Estos parten de la expresión de Marx (2002) en el Capital en términos de que "la producción capitalista además.., produce no sólo productos para la venta, no sólo plusvalía, sino también produce y reproduce la relación capitalista...".

De esta manera, mediante la educación se reproducen en cada generación las destrezas y habilidades que se necesitan para que eventualmente se incorporen al mundo del trabajo, así como las actitudes que se necesitan para que puedan ocupar el lugar preciso que le corresponde en el mercado del trabajo y en la sociedad en general. Aparte de lo anterior, la educación produce la "conciencia de producción" (Althusser, 1971) compatible con los intereses de la clase dominante y, en alianza con la familia, produce "la conciencia para el desarrollo de una cultura industrial" (Apple, 1990 y 1995). En otros términos, la teoría de reproducción social sostiene que la educación formal e informal representa un espacio importante en la construcción de subjetividades y disposiciones; un lugar donde los niños y jóvenes de las diversas clases sociales aprenden a acomodarse en el lugar que le corresponde en la sociedad y en la organización de capital.

Louis Althusser (1971), por su lado, se dio a la tarea de identificar el material y las funciones ideológicas necesarias para reproducir el modo capitalista. Althusser descubrió que la educación provee de un entrenamiento para los futuros trabajadores de manera que puedan desarrollar las destrezas y habilidades requeridas para trabajar en ese sistema. Siguiendo la doctrina althussiana, en el proceso de desarrollar esas destrezas, los medios educativos trabajan para asegurar que los trabajadores futuros tengan, además, las actitudes, los valores y las normas, así como las disciplinas y el control de carácter, que son esenciales para mantener el sistema industrial y las relaciones de producción existentes.

Por otra parte, Althusser (1971) sostiene que la responsabilidad primera en la reproducción del sistema capitalista recae en el aparato ideológico del estado. En las sociedades capitalistas avanzadas, las escuelas son las instituciones ideológicas dominantes – pero no las únicas -- con responsabilidad de subyugar a la clase trabajadora, moldeándola a conveniencia del aparato económico. La adaptabilidad a la vida práctica también tiene una función reproductora dado que perpetúa los fundamentos del poderío existente. De acuerdo con esta teoría, la ideología es integrada por dos elementos cruciales: el contenido en los ritos diarios, las prácticas y procesos sociales que estructuran la labor diaria; y segundo, la ideología que produce en los trabajadores una conciencia pasiva de sumisión.

Para Althusser, lo que las escuelas no hacen - como conjunto de agencias - es desafiar la base estructural del Capitalismo, aunque pueden encontrarse ejemplos particulares de profesores que representan posiciones de crítica y de oposición. Ese mismo fenómeno se observa en la sociedad abierta. Esta no se percibe como un lugar donde el poder dominante enfrenta resistencia, sino como lugares que suavemente reproducen la ideología dócil. El influjo diario de mensajes ideológicos que penetran la subjetividad de la población a través de los medios de comunicación y la publicidad sirven como melodías de sopor y de ensueño. Esta es la táctica más utilizada en este proyecto hegemónico de sumisión y dependencia hacia las creencias de los grupos económicos y de poder. De hecho, Jackman (1996) añade que, inclusive, en la sociedad, ni la clase dominante ni los subordinados, buscan activamente un conflicto abierto. Ella sostiene que la hostilidad es raramente el ingrediente activo en las relaciones de explotación. Para Jackman, el grupo dominante tiende a subordinar por medio de una interpretación persuasiva de las relaciones de inequidad, es decir, que los subordinados acepten voluntariamente la subordinación. La oferta a cambio de la subordinación que bien hace el grupo dominante es la protección paternalista y el cariño corporativo. La benevolencia es la propina a los grupos subordinados por mantenerse bajo el control 'paternal'. El resultado de esta operación es que los subordinados aprenden a no exigir, a menos que sea necesario.

Bowles y Gintis (1977) compartieron la noción de Althusser con respecto al papel de la educación en las sociedades capitalistas. Ellos sostienen que la educación son los medios por excelencia para la reproducción social del sistema capitalista en los Estados Unidos. La única distinción es que Althusser (1971) utiliza el concepto de ideología para explicar el rol de la educación en su función de asegurar el dominio de la clase dominante sobre la clase obrera, mientras Bowles y Gintis (1977), en lugar de ubicar esa función en la educación, la depositan en lo que llaman el Principio de Correspondencia.

De acuerdo con la crítica de Bowles y Gintis (1977) al sistema económico capitalista, el proceso de producción -- en los talleres de trabajo al igual que en la educación -- es dominado por los imperativos de ganancia y de dominación en lugar del imperativo de solucionar las necesidades humanas. Las ganancias en este sistema se obtienen mediante el reclutamiento de trabajadores y la organización de la producción de manera que los salarios pagados a los trabajadores sean menores que el costo de los productos generados. A fin de alcanzar este objetivo, el capitalismo democrático tiene que vivir en una eterna contradicción (ver también a Apple, 1990). Este sistema político debe asegurar la máxima participación de la mayoría en el proceso de las tomas de decisiones y, a la misma vez, debe proteger a las minorías del prejuicio de la mayoría y de cualquier influencia indebida de parte de algún representante de la minoría. Sin embargo, el Capitalismo ha asegurado una mínima participación de los trabajadores en el proceso de tomar decisiones, protegiendo a la minoría de la mayoría trabajadora y sometiendo a esa mayoría a la influencia de esa minoría representativa.

A su vez, la iniciación de la juventud en el sistema capitalista es facilitada por una serie de instituciones entre las que se encuentran la familia y el sistema educativo los que están directamente relacionados con la formación de la personalidad y de la conciencia de esos futuros miembros de la clase trabajadora. La estrategia del sistema en la reproducción de las relaciones de producción incluye el hecho de que el sistema educativo debe intentar instruir a los estudiantes y futuros ciudadanos a ser adecuadamente subordinados y a someterlos suficientemente fragmentados a nivel de conciencia colectiva para evitar que se agrupen a los fines de crear su propio material de existencia. Es a través de este Principio de Correspondencia que esta importante tarea se realiza. Según Bowles y Gintis (1977):

"El sistema educativo ayuda integrar la juventud al sistema económico,..., mediante una correspondencia estructural entre las relaciones sociales y las de la producción. ... Específicamente, las relaciones sociales de educación--la relación entre el administrador y maestros, maestros y estudiantes, estudiantes y estudiantes, y estudiantes y su trabajo-- reproduce la división jerárquica (autoridad vertical) del trabajo."

De acuerdo con estos autores, la eficacia del Principio de Correspondencia se refleja también en la ausencia de control sobre su educación de parte de los estudiantes, en la enajenación de los estudiantes sobre el contenido de su currículo, y en el propio sistema de motivación y evaluación del sistema educativo, el cual utiliza un sistema de grados y de gratificaciones externas más bien que la integración de los estudiantes en el proceso de aprendizaje o con el conocimiento producto del proceso educativo. La fragmentación del trabajo en la escuela, a base de asignaturas independientes y no articuladas en concierto, se refleja también en lo que Bowles y Gintis (1977) han llamado "la institucionalizada y a veces destructiva competencia entre estudiantes a través de una continua evaluación y gradación ostensiblemente meritocrática".

El Principio de Correspondencia se refleja además en los niveles más complejos de la experiencia en la escuela. Los niveles diferentes del sistema de educación alimentan los diferentes niveles de la estructura ocupacional y correspondientemente, tienden hacia una organización interna comparable con la división jerárquica del trabajo. Los niveles más bajos en la jerarquía empresarial enfatiza en el seguimiento de reglas; el nivel medio, en la dependencia y en la capacidad de operar sin una supervisión continua y directa, mientras que los niveles más altos acentúa las internalización de las normas de la empresa. Similarmente, en la educación, los niveles bajos (la escuela intermedia y secundaria) tienden a limitar severamente y a canalizare las actividades de los estudiantes. Algo más alto en la escalera educativa, los profesores y los colegios, permiten una actividad más independiente y de menos supervisión al estudiante. En la cima, la élite de cuatro año de colegio, se enfatizan las relaciones sociales conforme con los niveles más altos en la jerarquía de producción. Así, es que las escuelas continuamente mantienen su control sobre los estudiantes. Bowles y Gintis (1977) sostienen que en la escuela superior, los niveles vocacional y general enfatizan en el seguimiento de reglas y la supervisión estrecha, mientras los colegios tienden a abrir la atmósfera a una mayor libertad enfatizando en la internalización de normas.

Las desigualdades sociales que acarrea el sistema capitalista son igualmente perpetuadas por la operación diaria escolar a través del Principio de Correspondencia. Así es que las minorías son concentradas en unas escuelas cuyas estructuras coercitivas, represivas, arbitrarias y generalmente caóticas en su orden interno, les proveen de unas mínimas posibilidades para adelantar en el escalafón económico, ubicándolas en el nivel más bajo de la escala salarial. De la misma manera, las escuelas que atienden a estudiantes provenientes de familias de trabajadores enfatizan predominantemente en el control de la conducta y el adhesión a reglas e instrucciones, mientras que las escuelas de los suburbios de clase media alta y alta emplean sistemas más liberales y favorecen la participación del estudiante con menos supervisión y, en general, valorizan un sistema que acentúa normas personales de control.

La crítica principal que se hace contra el Principio de Correspondencia es que es muy simplificado y sobredeterminista. Para Giroux (1983) el modelo ignora importantes 'issues' con relación al rol de la conciencia, la ideología y la resistencia que se da a nivel de la escuela. La noción de la agencia humana es también ignorada a favor de una pasividad total y desenergetizada de las personas. Por otro lado, la crítica sostiene además que el modelo es pesimista y fatalista porque deja poco espacio para la agencia humana, reduciendo la misma a la de ser un factor de reproducción de los valores, las creencias y las conductas establecidas por el aparato dominante.

La educación, en su función de reproducir la fuerza laboral están destinadas a legitimar las inequidades y limitan el desarrollo personal del individuo para hacerlo compatible con el rol de sumisión a la autoridad arbitraria. Los críticos sostienen además que Bowles y Gintis omiten en su estructura teórica la discusión de temas como el de género y raza y critican el hecho de que, de acuerdo a Bowles y Gintis, la formación ideológica de las niñas recae en el núcleo familiar mientras para los niños la responsabilidad recae en la escuela. Otro lado de la crítica sostiene, que el modelo de Bowles y Gintis es demasiado funcionalista y mecanicista y presta mucha atención al nivel macro dejando a un lado las experiencias cotidianas, tan importante para el análisis del asunto de la reproducción ideológica. Pero no todo son quejas contra el modelo desarrollado por Bowles y Gintis.

De acuerdo con Giroux(1983), uno de los logros del Principio de Correspondencia es que informa en torno a cómo los mecanismos del currículo escondido trabajan sobre las relaciones sociales en el salón de clases. Sostiene que el trabajo de éstos es valioso en articular las relaciones entre los modos de género y clase en la escuela con los procesos sociales en el trabajo. También ilumina las dimensiones no-cognitivas de la dominación, enfocando en el rol que la educación juega en la producción de ciertas características de la personalidad. Giroux (1983) sostiene que en sus últimos trabajos, Bowles y Gintis argumentan en torno a la importancia de las contradicciones en el proceso de reproducción social así como la importancia de los 'espacios sociales' como lo es la familia.

La Reproducción Cultural

Las teorías de reproducción cultural han hecho esfuerzos en desarrollar una sociología que conecte la cultura, las clases y el control social con la lógica y los imperativos educativos. En otras palabras, las teorías de reproducción cultural se dirigen a contestar cómo las sociedades capitalistas están en condiciones de repetirse y reproducirse a sí mismas, pero enfocando en cómo la educación transmite la cultura dominante, cómo la producen, cómo la seleccionan y cómo la legitimizan.

Los franceses Pierre Bourdieu y Jean Claude Passeron (1977) fueron pioneros en esta argumentación al rechazar la tesis de los reproduccionistas sociales en términos de que la educación refracta, como un espejo a la sociedad y argumentan que las escuelas son instituciones relativamente autónomas pero influenciadas indirectamente por las instituciones económicas y políticas más poderosas. En lugar de estar directamente conectadas con un el poder de una élite económica, las escuelas son vistas como parte de un largo universo de instituciones simbólicas que, en lugar de imponer docilidad y opresión, reproducen las relaciones de poder existente vía la producción y la distribución de una cultura dominante que tácitamente confirma lo que debe ser una persona educada.

La división de clases y el material ideológico donde descansa la estructura es mediada y reproducida por lo que Bourdieu llama la 'violencia simbólica'. Esto es, el control social no es simplemente el reflejo del poder económico que se impone a través de la fuerza sino que constituye más que nada el ejercicio del poder simbólico desarrollado por la clase reguladora a fin de imponer una definición del mundo social consistente con sus intereses. La cultura en esta perspectiva se convierte en la conexión entre los intereses de la clase reguladora y la vida diaria.

Giroux (1983) entiende que para Pierre Bourdieu y Passeron, la educación es una importante fuerza en el proceso de reproducción porque, aparentando ser imparcial y transmisor neutral de los beneficios de los valores culturales, la educación están disponible para promover las inequidades en nombre de la igualdad y la objetividad. Por esto la educación es bien efectiva como medio de reproducción del orden social existente.

A juicio de Giroux (1983), los conceptos de 'habitus' y 'capital cultural' son esenciales en la teoría de Bourdieu y Passeron. Mediante estos conceptos se puede hacer un análisis de cómo el mecanismo de la reproducción cultural funciona concretamente en la educación. El concepto de cultura capital se refiere a los distintos grupos lingüísticos y de competencias culturales que los individuos heredan mediante la ubicación de clase de su familia. En otras palabras, los niños heredan de sus familias un grupo de significados, estilos de vida, modos de pensar y tipos de disposiciones que están de acuerdo con ciertos valores sociales y status que son a su vez valorados y categorizados por la cultura capital.

Para Pierre Bourdieu y Passeron (1977) y (Giroux 1983), los hábitos se refieren a las disposiciones subjetivas que reflejan un gusto de clase social, conocimiento y conducta permanentemente inscrita en el cuerpo y los esquemas de pensamiento de toda persona en desarrollo. Los hábitos o competencias internalizadas y set de estructuras necesitadas, representan la conexión inmediata entre las estructuras, las prácticas sociales y la reproducción. Esto es, un sistema de violencia simbólica que no se impone asimismo sobre el que está opresivo, ello en parte es desarrollado por la misma persona, pero los hábitos gobiernan las prácticas que asignan los límites de sus operaciones e inventivas. En otras palabras, las estructuras objetivas -- el lenguaje, las escuelas, la familia, tienen a producir disposiciones que estructuran las experiencias sociales que son las mismas que reproducen las estructuras objetivas.

Giroux (1983) sostiene que al fallar en desarrollar una teoría de ideología que hable como los seres humanos dialécticamente crean, resisten y se acomodan a la ideología dominante, Pierre

Bourdieu y Passeron excluyen tanto la naturaleza activa de la dominación tanto como la naturaleza activa de la resistencia. Esto es como si la agencia humana no existiera y no se dejara sentir a su manera y por diversos medios. Por el contrario, la agencia humana tiene sus músculos y su racionalidad. Por su lado, MacLaren (1980) sostiene que las escuelas son menos exitosas en producir trabajadores dóciles que lo que sostiene Bourdieu y Passeron (1977). Y, al igual que Giroux (1983), señala que estos no ofrecen una teoría de resistencia o, por lo menos, de lo que podría ser una teoría de resistencia en términos pedagógicos.

Giroux (1983) dice además que el trabajo de Bourdieu y Passeron falla en conectar la noción de dominación con la materialidad de las fuerzas económicas. De cómo las fuerzas asimétricas del ejercicio del poder produce resultados concretos en los estudiantes, según la teoría de Foucault (1980) que sostiene que el poder trabaja a nivel familiar, del conocimiento, del género así como del cuerpo individual. En otras palabras, Bourdieu y Passeron se limitan a discutir la 'violencia simbólica' cuando el poder se ejerce materialmente. "Bourdieu y Passeron aparentan haber olvidado que la dominación tiene que estar sostenida en otra cosa que la ideología y que tenga, además, condiciones materiales" (Giroux, 1983).

Por otro lado, Basil Bernstein (2008), en su análisis sobre cuál es el rol de la educación en la reproducción cultural de las relaciones de clases, desarrolla una teoría de transmisión cultural en la que sostiene que dentro del mensaje educativo está impregnado un lenguaje simbólico o códigos mediante el cual la dominación social pretende reproducirse. Argumentando que la educación es una fuerza mayor en el proceso de la estructuración de la experiencia, Bernstein (2008) intenta describir como el currículum, la pedagogía y la evaluación constituyen sistemas de mensajes que representan modos escondidos de control social enraizados en la sociedad. En torno a cómo la estructura de la educación moldea tanto la identidad como la experiencia, Bernstein desarrolla un marco teórico desde donde reclama que las escuelas manejan un determinado código educativo que organiza las maneras como la autoridad y el poder median en todos los aspectos de la experiencia educativa (Giroux, 1983).

De acuerdo con Giroux, aunque el trabajo de Bernstein ha sido extensamente reconocido como parte del marco de las teorías de reproducción, éste no va muy lejos como teoría de pedagogía crítica debido a que no analiza las experiencias personales de los actores. Esto es, Bernstein ignora cómo las diferentes clases de estudiantes, maestros y otros trabajadores de la educación dan sentido a los códigos que influencian sus vidas diarias. Al descartar la producción de significados y del contenido cultural de la educación, Bernstein (2008) provee una visión débil y unidimensional de la agencia humana. Por otro lado, Bernstein, al igual que Bourdieu, presenta su versión de la dominación como un ciclo de reproducción inquebrantable, al ignorar o por lo menos restar importancia a las nociones de resistencia y batalla contra-hegemónica. Por esa razón su visión es limitada e incompleta, dice Giroux (1983).

Ambas teorías reproduccionistas han tenido sus críticos, incluyendo a aquellos que sostienen que las escuelas son, más que sitios para la reproducción, lugares para la contestación y la resistencia. Aunque reconoce la importancia de ambas teorías de reproducción, Giroux (1983) afirma que ninguna de las dos teorías provee un discurso que explique cómo el poder y la agencia humana se interconectan para promocionar prácticas sociales, principalmente en las escuelas, que debatan las condiciones resultantes del predominio y la contestación a éste. Para Giroux (1983,1988) las escuelas son más que sitios para la instrucción. Este sostiene que las escuelas son, además, lugares culturales, cuya función es ignorada por los reproduccionistas sociales y culturales. Estos teóricos, según Giroux, se niegan a tomar en cuenta la noción de que las escuelas representan espacios para la contestación, la resistencia y la pugna de las relaciones de poder entre los grupos culturales y económicos. En otras palabras, la crítica de Giroux (1983) es a los efectos de que las teorías de reproducción rehúsan depositar un tipo de crítica que demuestra la importancia de la práctica y la teoría de una pugna contrahegemónica. En la sociedad abierta se da un fenómeno parecido. Es tan fuerte el ejercicio del poder dominante que hace virtualmente inefectivo cualquier intento de revertir el orden institucional y hegemónico, pero de que pueda construirse, se puede.

Teorías de Resistencia

El reconstruccionismo social, también conocido como constructivismo, sostiene que la realidad es un tipo de texto que los individuos "leen". El brasileño Pablo Freire (1979, 1980) dice que las personas "leen" su realidad (sus circunstancias sociales, económicas y políticas en que están integradas) en la misma manera como leen los textos en las publicaciones. En el acto de la lectura, muchas personas pueden ejercer un juicio a favor de lo que leen, en contra del mismo resistiendo aceptar el contenido o indiferente al contenido del texto. Lo mismo ocurre con la realidad social. Hay personas que pueden estar pasivas ante lo que le ofrece el mundo, como pueden estar pasivos ante lo que le puede ofrecer un texto escrito. Otros, sin embargo, pueden ser reflexivos y críticos, e inclusive, pueden sugerir modificaciones y cambios al texto y pueden hasta llegar a ubicarse en contra del texto.

Los reconstruccionistas reconocen la existencia de dos tipos de dimensiones: el natural y el social. La dimensión natural es el mundo terrenal que siempre ha estado ahí y que le ha sido dado al hombre desde que éste despertó su conciencia. Esta dimensión es donde los animales, que no tienen la capacidad de considerarla, existen. Por otro lado, la dimensión social es el mundo construido y continuamente modificado por el ser humano. A través de la reflexión crítica, los seres humanos ponen el mundo de frente a su inteligencia, lo objetivan, permitiéndole comprenderlo y transformarlo. El significado del mundo social también es construido socialmente y no individualmente en este proceso de continua reconstrucción. El significado del mundo social es, entonces, uno de tipo político porque su construcción es producto de la continua negociación entre las creencias conflictivas, motivaciones, y representaciones e interpretaciones de los textos de las personas; de las historias diferentes de cada miembro del mundo social.

De acuerdo con las teorías críticas, el punto de partida para la reconstrucción del mundo social es el presente concreto y existencial de las personas, el mundo que refleja sus experiencias y recoge sus frustraciones y aspiraciones, las historias de cada persona, lo que tienen que decir a cerca de su vida cotidiana sin temor alguno y sin sufrir restricciones. Por ello, el libre ejercicio de la expresión, en cualquiera de sus manifestaciones, es necesario dado que la reflexión y la crítica son esenciales para la reconstrucción. La libertad es también indispensable para la reconstrucción del mundo social (Freire, 1979; Grundy, 1986) porque en la medida en que no exista la libertad las proposiciones que se hagan estarían prejuiciadas o, al menos, constreñidas.

La acción de resistir a la dominación es considerada por los teóricos críticos como ligada a la producción cultural y al consumo de significados los cuales están conectados a unas esferas sociales específicas y remitidas a las fuentes históricas y ubicadas en determinados grupos o clases culturales. También está conectada con la idea de que el poder nunca se ejerce unidimensionalmente, tal y como lo explica Foucault (1980) y que además de ser ejercido como un modo de dominación, también puede ser ejercido como un acto de resistencia. Por otra parte, Focault (1980) indaga por las formas cómo actúan las subjetividades desde las instituciones, la vida cotidiana, los discursos, los estilos de trabajo y las prácticas pedagógicas.

En lo que personalmente considero como el punto culminante de las teorías de resistencia, es que en ellas están inherentes las nociones de emancipación y esperanza. Estos son los elementos de trascendencia, de esperanza y posibilidades de transformación radical. Esto viene ante el planteamiento que hacen en torno a la relación entre las clases, las circunstancias socio-históricas, las determinantes ideológicas y las estructuras de dominación política que han oprimido a los grandes grupos poblacionales. Sus preocupaciones han revisado tanto las significaciones lingüísticas, los rituales culturales, los contextos y los mensajes invisibles que se han colocado, y los entendimientos sobre política cultural. Giroux (1983) explica lo anterior muy claramente:

"... la cultura no es reducida a un determinismo en demasía, a un análisis estático de la cultura capital dominante

como lo es la lengua, el gusto cultural y las maneras habituales. En su lugar, la cultura se considera como un sistema de prácticas, un modo de vida que constituye y es constituido por un entre juego dialéctico entre los comportamientos específicos de las clases y las circunstancias de un grupo particular y los poderosos determinantes ideológicos y estructurales de la sociedad extendida."

Las teorías de reproducción han tendido a presentar las escuelas como uno de los instrumentos principales de la cultura dominante cuya función es reforzar y reproducir las relaciones de poder existentes, las desigualdades y formas de dominación (Willis, 1977; Foley, 1990; Apple, 1990 y 1995; MacLeod, 1995). Si la instrucción tiene éxito, los estudiantes deberán actuar eventualmente a base de estas interpretaciones y explicaciones dominantes. Desde esta perspectiva teórica, las educaciones reproductoras están produciendo masas de gente que se ajustan al mundo social construido principalmente por la cultura dominante (Bourdieu y Passeron, 1977; Apple 1990 y 1995; Giroux, 1983). Al hacer ésto, la educación reproduce también las desigualdades empotradas en el mundo social.

Uno de los mayores exponentes de la teoría de reproducción y resistencia desde el campo de la educación lo ha sido Henry Giroux. En su libro *Teoría y Resistencia en la Educación*, cuya primera edición fue publicada en el 1983, Giroux hace un despliegue extraordinario de estas teorías y un análisis claro y sencillo que nos condujo a depender de él para esta discusión.

Giroux (1983) reconoce que el valor del constructo de la resistencia a los intentos de reproducción reside en su función crítica, en su capacidad de problematizar el conocimiento popular y las rutinas diarias y el potencial para ir en contra del 'texto' establecido. También tiene la capacidad para problematizar las prácticas pedagógicas tradicionales, de disciplina funcionalista y de institucionalismo escolar. La escuela simplemente se transforma en el lugar donde se expresa la naturaleza opuesta de esos imperativos. En resumen, las conductas de oposición se producen entre los discursos y valores contradictorios.

Las teorías de resistencia proveen un estudio sobre la manera en que las clases sociales y la cultura se combinan en lo que se ha dado por llamar política cultural. Central a esta política se encuentra "una lectura semiótica de los estilos, rituales, lenguajes y un sistema de significados que constituyen el campo cultural de la persona oprimida (Giroux, 1983). Basados en ésto, autores como Willis (1977) y MacLeod (1995) analizaron cómo en las escuelas se desarrollan culturas de resistencia o culturas oposicionales que proveen la base para una erigir una fuerza política viable. Este fuerza política deberá ir dirigida a producir una "política de lo concreto", no sencillamente preguntas sobre la reproducción, pero también sobre el 'issue' de la transformación social (Giroux, 1983).

Por otra parte, las teorías de resistencia proveen el marco conceptual para conocer los caminos complejos en que diversos grupos experimentan el fracaso educativo y dirigen la atención hacia nuevas maneras de pensar cómo reestructurar la pedagogía a través de las teorías críticas. Giroux (1983) lo explica de la siguiente forma:

"Esto es, el concepto de resistencia, más que un tema heurístico en el lenguaje de la pedagogía radical, representa un modo de discurso que rechaza las explicaciones tradicionales del fracaso de la educación y conducta de oposición. En otras palabras, el concepto de resistencia conlleva una problemática gobernada por supuestos que cambian el análisis de la conducta de oposición de los ámbitos teóricos del funcionalismo y de las corrientes principales de la psicología de la educación, por los del análisis político. La resistencia, en este caso, redefine las causas y el significado de la conducta de oposición al argumentar que tiene poco que ver con la lógica de la desviación, con la patología individual y la incapacidad aprendida (y, por supuesto, las explicaciones genéticas). Tiene mucho que ver, aunque no exhaustivamente, con la lógica de la moral y de la indignación política."

Gramsci (1971) había tocado este mismo tema cuando discutió la posibilidad de resistencia desde el campo civil. El autor pudo identificar unos espacios de contestación en el contexto civil a los que llamó escenarios de casamatas y trincheras, principios que posteriormente Giroux (1983) toma para discutir la resistencia desde el espacio escolar. Desde el punto de vista crítico, la gente necesita una oportunidad para romper el círculo de desigualdades en que está inmersa. Ellos necesitan un proyecto que les de poder, voz, esperanza y posibilidades. Estudiosos como Willis (1977), Apple (1990) y McLeod (1995) también han desarrollado la noción de resistencia en la cual la dominación de la clase trabajadora es vista no solamente como el resultado estructural e ideológico del dominio capitalista, sino como parte del proceso de auto-formación o producción activa de la propia clase trabajadora. Se trata del reconocimiento de que, ciertamente, la clase trabajadora tiene el potencial de hacer su propia historia, y desde ahí, responder a los intentos de imponerles sus modos de vida.

Prácticas contrahegemónicas y de contrapoder

Los orígenes del ejercicio de poder y de la dominación social pueden encontrarse en el nacimiento del hombre prehistórico.

Lo mismo puede decirse del contrapoder de la resistencia. En el primer momento en que un hombre hizo uso de su poderío sobre otro y este no estuvo conforme y no respondió a los reclamos que se le hicieron, el ejercicio de la resistencia tuvo su nacimiento. La historia registra miles de de situaciones en que se ejerció este poder inherencia al reclamo de la libertad, la justicia y la equidad.

Las manifestaciones de poderío y resistencia tienen lugar todavía en todo el planeta y las reacciones de resistencia se ven diariamente con igual frecuencia en el acontecer mundial. Puede que haya estrategias nuevas, menos tradicionales que las que la historia nos tienen acostumbrados, pero otras continúan teniendo la vigencia que siempre han tenido. Por ejemplo, el uso de la desobediencia civil, del boicot, las movilizaciones, las marchas, los disturbios, las protestas, las huelgas, las manifestaciones, la resistencia fiscal y educativa, son varios ejemplos de las expresiones de resistencia que se han utilizado desde tiempos históricos. Los actos de resistencia tampoco se reducen a algunos grupos sociales determinados. Lo mismo, los han hecho los blancos tanto como los negros, las mujeres al igual que los hombres, los jóvenes, los homosexuales, los transexuales como también los heterosexuales, etc. Lo único que hace falta para experimentar el fenómeno de la resistencia es el uso por alguien del poder y la inconformidad de algún recipiente de ese poder.

Las fuerzas de poder que más se ejercen hoy día son aquellas relacionadas al poderío corporativo o del capital, según lo hemos explicado en este libro. Estas fuerzas se ejercen todos los días, en todos los lugares del planeta, tanto abiertamente como a escondidas y/o disfrazadas en la vida cotidiana de los más de 7 billones de residentes del planeta. Mientras pudieran negarles el derecho a los individuos a ejercer su poder de resistencia, muchas de estas corporaciones no dejan de reclamar también su pedazo de ese derecho. Aunque batallan en contra del derecho humano a establecer su propio proyecto de resistir a las imposiciones, diariamente, podemos observar cómo estas corporaciones, de corte multinacionales, sobre todo, reclaman el establecimiento de reglas y normas que le favorezcan, como por ejemplo: a la libertad de un mercado menos regulado, al pago de menos costas contributivas y a otras limitaciones que hoy tienen, como las ambientales. Lo irónico es que muchos de los mensajes que se producen se hacen a nombre y en supuesta representación de la población universal. Lo irónico es que para ello, necesitan y reclaman de aliados el favor público. ¿Cuántos de nosotros no hemos escuchado los mensajes sugestivos de que mediante la creación de una economía activa se libra la batalla en contra de la pobreza? ¿No es para ello que piden una mayor compresión para el mercado desregulado, para que el trabajador de la milla extra, para que no los agobien las leyes de protección laboral, para que el trabajador aporte en una mayor proporción a sus planes médicos y de retiro? Para aquellos que puedan creerse el mensaje de angustia corporativa, es bueno que entiendan que hoy día, más que nunca en la historia, las riquezas se vienen acumulando mucho más en las manos de los que poseen que en las manos de los desposeídos. Son cada vez más ricos los ricos y mucho, mucho más en número y en pobreza, los pobres. Esto es, la enorme ganancia de una economía activa sigue yendo a parar a las manos llenas de los ricos.

Las prácticas de resistencia reconocen la posibilidad de acción de parte de las personas. Para poder llevarse a cabo el acto de resistencia, las personas necesitan reconocer su agencia, esto es, su poder de resistir y su reconocimiento de unos hechos con los que no comulgan. También tiene que darse una exigencia individual de respeto y dignidad, de pervivencia cultural, social, territorial y/o política, entre otras, y de opciones frente a posturas impositivas.

Para los teóricos, las prácticas de resistencia se deben iniciar con un análisis crítico de los contenidos sociales y sobre los cuales se definirán la intervención a llevar a cabo y la configuración social que se busca. El proyecto de cambio debe ser determinado porque de ello va a depender la efectividad de la intervención. Según los autores de tradición crítica, tenemos que levantar una conciencia de reflexión política en toda la sociedad para que se pueda ejercer la reflexión social y darse cuenta del estado de opresión colectiva. También, sería necesario levantar conciencia de que los individuos tienen la capacidad de reconstruir lo que el poder ha creado y revertir el orden de justicia establecida por los dominantes para su beneficio exclusivo. La herencia de Debord (1957), nos provee del campo de conocimiento para ello cuando nos dice que debemos pensar en establecer estrategias efectivas dirigidas a crear situaciones de deconstrucción y resistencia para contrarrestar aquellos espectáculos, situaciones y eventos diarios que construyen los intereses dominantes. Como Foucault (1980) dice: el poder es definido como la capacidad de estructurar el campo de acción del otro, de intervenir en el dominio de sus acciones posibles y que los sujetos son libres en la medida en que tienen siempre la posibilidad de cambiar la situación, pues no estamos siempre atrapados, siempre hay posibilidad de transformar las relaciones estratégicas. Lo haríamos, por ejemplo, como dirían Laclau y Mouffe (2001), contraponiendo la hegemonía democrática a la hegemonía autoritaria. Estos dicen que se trata de subvertir cualquier sumisión voluntaria o involuntaria a cualquier tipo de opresión.

Nosotros sugerimos que todo proyecto de resistencia y contra hegemonía debe ir dirigido a desacreditar críticamente los relatos ideológicos que han dominado el aire social por siglos. Desde los espacios de liberación que podamos crear estaríamos explorando nuevas formas de relaciones económico-políticas, no tan solo desde el macro social sino hasta el micro, desde la más amplia relación de gobierno global hasta las relaciones individuales en las que también se ejerce el poder y el dominio. La reflexión debe partir, por otro lado, desde el estudio de la cotidianidad como espacio de intersección de relaciones sociales. La cotidianidad construida, con sus situaciones, ha sido determinante en el mantenimiento de la vida de dominación y puede convertirse, a su vez, en el espacio para la resistencia. Las memorias que algunos teóricos llaman "memorias subalternas", la transmisión de narraciones de memoria por diversos medios orales y últimamente escritos han perpetuado los estándares y debilitado las estrategias de resistencia que pudieran haber provocado las acciones de discrimen y de injusticia que han partido desde los centros de poder.

Siguiendo las formas de Foucault (1995), estaríamos reconsiderando la ontología humana tradicional con la que hemos definido al hombre como un sujeto de derecho y transformar al hombre en sujeto ético, capaz de ver lo moral en las acciones de los poderosos y dejar de ser sujetos, meros observadores, de los aconteceres sociales cotidianos. Esta ha sido la degradación más infame del hombre que ha registrado la sociedad. Un sujeto, por llamarlo así, sujeto a un derecho que lo mantiene disciplinadamente pasivo no reacciona a las injusticias, sino que las justifica, con el agravante de que nadie ha dado su consentimiento a la dominación. Para ello se valen de un catálogo legal que le han creado en su entorno en donde referir los hechos para su interpretación. Le han prometido una libertad inexistente, porque las leyes no dan libertad, sino que la constriñen. En caso de alguna libertad, la misma estaría escrita en el marco de un menú limitado. Como digo en otro momento, al nacer nos encontramos con la partitura escrita, la melodía compuesta y el 'tempo' establecido. En la vida, solo nos queda cantar la canción que nos han compuesto.

El problema político fundamental de la modernidad no es el de identificar la melodía del soberano sino desmenuzar y desmontar las formas de dominación globales y desarticular los estados de dominación locales. Frente a esta realidad, tenemos que proceder a capacitar al individuo social en las destrezas de reflexión crítica mediante un proyecto educativo que impacte a las generaciones por venir. Como sujetos pasivos, incapaces de transformar el mundo, nos vemos impedidos de romper con el orden establecido, con el tejido ideológico manufacturado y con las actitudes de víctimas en general del entorno. Tenemos que levantar una cultura fundamentada en la ironía crítica y el uso del lenguaje. Se ha manufacturado un consenso pasivo de masas. Este fenómeno, según Chomsky (1998), ha sido erigido con el propósito de controlar el pensamiento. Chomsky sostiene que no hay comunicación neutra. Por el contrario, la palabra tiene una fuerza expansiva que penetra la pared más gruesa hasta la mentalidad más obcecada. Lo mismo persuade que disuade, provoca que desalienta y confunde como clarifica.

Por otra parte, Chomsky (1998) dice que no hay que ser expertos para comprender el papel de los periódicos y medios de comunicación como "gatekeepers"; es decir, instituciones o grupos que tienen el poder de decidir si dejan pasar o bloquean la información; para comprender que existen filtros de selección ideológica hacia determinadas prácticas de comunicación. Para poder unir voluntades tenemos que denunciar las tecnologías de poder, educación y medios de comunicación de masas en particular, porque son muy efectivas en funciones de perpetuar la hegemonía de mayoreo humano. Ciertamente, es necesario alterar los filtros y contextos comunicativos que fueron instalados progresivamente en el curso de la historia para manipular percepciones, cogniciones, actitudes y conductas, y si fue posible hacerlos tan efectivos como lo están, también es posible volver a alterarlos ahora.

Hemos señalado que los medios de comunicación masiva y las escuelas son las principales herramientas que utilizan los dominadores para penetrar el mensaje de opresión y de pasividad. Se trata de un sometimiento semiótico como dirían Laclau y Mouffe (2001). Para ello, habría que revertir la gramática del mensaje de dominación por mensajes de corte totalmente democrático, que haga regresar la fuerza del cambio a las manos de la gente, del pueblo; fuerza que le fue arrebatada por las otras fuerzas autoritarias y dictatoriales de la economía y la política. El problema de la modernidad no estriba en identificar la existencia de unos poderes dictatoriales y soberanos, sino en reconocer que el poder democrático existe y que, organizado, es más ampliamente poderoso que cualquier otro. Este se logra uniendo a los subordinados mediante la creación de un nuevo discurso de resistencia. De ahí, que tenemos que ir tras la democratización radical de los medios de comunicación, tanto como de las escuelas. Las fuerzas capitalistas han ocupado los medios de comunicación y las escuelas. Tenemos que recobrarlas para hacer efectivo el operativo transgeneracional de liberación humana. Se trata de defender la posibilidad misma del pensamiento y la acción críticas.

Particularmente, Giroux y Aronowitz (1993) han identificado a las escuelas como lugares sociales de lucha y contestación no tradicionales desde donde puede partir esa nueva regeneración, como lo ha hecho Chomsky desde la meta de los medios de comunicación democráticos. Pero, como hemos sugerido, tenemos que revolucionarlas para librarlas de las fuerzas interventoras y transformarlas en espacios de libertad. A su vez, nosotros tendremos que librarnos de la subjetividad sembrada que imparte un tono negativista a las transformaciones y a las revoluciones. Esta mentalidad negativa ha sido sembrada en nosotros los individuos con el fin de perpetuar el 'status quo'. Por ello sostengo que hay 'poner al gato patas arriba'; hay que atreverse a ser libres y a pensar libremente y mucho más, libres para transformar el mundo.

La subjetividad negativista, que de hecho nos incapacita para evitar que actuemos, también se fundamenta en lo que se percibe como lo que es lógico, es decir, lo que se representa como el sentido común. ¿Para qué transformar lo que ya ha probado que funciona?, dirían los intelectuales orgánicos. La prédica viene apoyada por el producto epistemológico que parte de la ciencia contemporánea configurada desde comunidades de comunicación científica, colegios y universidades, sectores de opinión y grupos de intelectuales dedicados a justificar más que a depurar. Las representaciones que de aquí parten tienden a decir que no hay lógica en cambiar lo que fue producido racionalmente y sería ir en contra del sentido común, tan siquiera el intentar hacerlo. Lo que se nos hace obvio a esta altura es que esas representaciones están tejidas por relaciones de poder y control.

De igual manera, se tienen que respaldar a los líderes que respeten la diversidad y la distribución equitativa de la riqueza dentro de un marco democrático y legítimamente representativo. Se hará necesario impedir el surgimiento de cualquier forma de vida autoritaria y de sometimiento ideológico. Habrá que construir situaciones de oposición a los diversos poderes, creando poderes alternativos, con un liderato genuino, dispuesto a empoderizar al pueblo. Se trataría de un empoderamiento que parte desde los ámbitos cotidianos, conscientes de los espacios de libertad, conocedores de las relaciones de la política mundial, y la aplicación del poder en todos los contextos.

Ya con la subjetividad crítica desarrollada, y la ironía 'postmodernista' que nos sirve de olfato en la mano, creados los espacios de libertad que necesitamos, podemos apoyar aquellos movimientos populistas serios, sobre todo los de base comunitaria. Tenemos que asegurar que el populismo no abandona el territorio de la reflexión crítica que energiza a las fuerzas hegemónicas de contraataque. Antes, la tarea era la defensa del territorio físico. Hoy día, la defensa busca rumbos más elevados como lo es la defensa del territorio ideológico. Las comunidades y principalmente las rurales, quienes han defendido tradicionalmente sus territorios, han estado muy expuestas a la codicia de los mercaderes capitalistas, que no rinden su pujanza. Por ello, se haría imprescindible el establecimiento de redes de comunicación y conexiones de acción entre los diferentes sectores y comunidades de la sociedad que se encuentran en procesos de resistencia a fin de mantener la cohesión ante acciones de dominio. Poco a poco, los mercaderes ganaron el inmenso territorio y por ello se hará imperativo mantener a las comunidades dispuestas a no abandonar sus territorios, a no alejarse de las ideas de justicia, de equidad y de libertad. Romper esos lazos que fueron creados históricamente, significaría la muerte.

BIBLIOGRAFIA y REFERENCIAS

Adler, M. (1996). *The Time of Our Lives: The Ethic of Common Sense.* Fordham University Press, USA.

Althusser L. (1971). *Ideological State Apparatuses.*

Apple M. (1990). *Ideology and Education.* Routledge, London.

Apple M. (1995). *Education and Power.* Routledge, London.

Bagdikian, B. (2004). *The New Media Monopoly.* Beacon Press. Boston.

Baudrillard J. (1983). *Simulations.* Semiotex Inc., New York.

Baudrillard J. (1998). *The Consumer Society.* Sage Publication Ltd., London.

Bernstein, B. (2008). *Class, Code and Control.* Routledge. London.

Boron A. (2005). *Empire and Imperialism: A Critical Reading of Michael Hardt and Antonio Negri.* Zed Books, London.

Bourdieu P., Passeron, J. C. (1977). *Reproduction in Education, Society, and Culture.* Sage, Beverly Hills,Calif.

Bowles S., Gintis H. (1977). *Schooling in Capitalist America.*

Bruner I. (1977). *The Process of Education.* Harvard University Press, USA.

Chomsky N. (1998). *On Language.*

Debord G. (2002). *La Sociedad del Espectáculo.* Biblioteca de la Mirada.

Debord G. (1957). *Construcción de Situaciones y sobre las Condiciones de la Organización y la Acción de la Tendencia Situacionista internacional.*

Deleuze G. (1989). *The Time- Image.* University of Minnesota Press, USA.

Fiske J. (1993) *Power Plays Power Works.*Verso, London.

Foucault M. (1995). *Discipline and Punish: The Birth of the Prison.* Vintage Books. NY.

Foucault M. (1980). *Power and Knowledge: Selected Interviews and Other Writings,* ed. Colin Gordon, New York:Pantheon.

Freire P. (1980). *Educación como Práctica de la Libertad.* Mexico: Siglo XXI.

Freire P. (1979). *Pedagogía del Oprimido.* Mexico:Siglo XXI

Friedman Thomas L. (2000). *The Lexus and the Olive Tree.* Anchor Books, New York.

Giddens A. (1986). *The Constitution of Society*. University of California Press, Berkeley.

Giroux H. (1981). *Ideology, Culture, and the Process of Schooling*. Philadelphia: Temple University Press.

Giroux H. (1983). *Theory and Resistance in Education*. Bergin and Garvey Publisher. USA.

Giroux H., Aronowitz S. (1993). *Education Still Under Siege*. Bergin and Garvey. USA.

Gramsci A. (1971). *Selections from Prison Notebooks*, ed. and trans. Quintín Hoare and Geof Frey Smith, New York.

Groos K. (2010). *The Play of Man*. General Books LLC. USA

Grundy S. (1996). *Producto o Praxis del Currículo*. Ediciones Morata.

Hardt M., Negri A. (2000). *Empire*. Harvard University Press.

Hegel G. W. F. (1971). *The Fenomenology of Spirit*. Galaxy Books.

Hess Herman (1975). *El Lobo Estepario*. Anaya Editores, S.A.

Hoogvelt A. (2001). *Globalization and the Post Colonial World*. The John Hopkins University Press, Baltimore, Maryland.

Jackman M.S. (1996). *The Velvet Glove*. University of California Press.

Jenks C. (ed.) (1995). *Visual Culture*. Routledge, London.

Kant E. (970). *Crítica de la Razón Pura*. Clásicos Begua, España.

Kline S. (1995). *Out of the Garden*. Verso. London.

Kozol J. (1992). *Savage Inequalities*. Crown Publishers, NY.

Lacan, J. (2006). *Ecrits*: The First Complete Edition in English. W.W. Norton and Co. Inc., NY.

Laclau E., Mouffe C. (1991). *Hegemony and Socialist Strategy*. Verso. London.

Lem Stanislaw (1971). *The Futurological Congress*. Continuun Publishing Corp. NY.

Lyon, D. (1994). *The Electronic Eye*. University of Minnesota Press, Minneapolis.

Lyotard, J. (1979). *The Postmodern Condition.* University of Minnesota Press.

Marx, K. (2002). *El Capital*. Fondo de Cultura Económica.

Mark, K. (2000). *Theory of History*. G.A Cohen, Princeton University Press, USA.

McLeod J. (1995). *Ain't Not Making It*. Westview Press Inc. USA.

McChesney R. W. (2004). *The Problem of Media*. Monthly Review Press, New York.

McLaren P. (1995). *Critical Pedagogy and Predatory Culture*. Routledge. London.

Mc Luhan M. (1967). *The Medium is the Message*.

Orwell, O. (1948). *1984*. Penguin Books. London.

Quintero Ana Helvia (1999). *Hacia la Escuela que Soñamos*. Editorial de la Universidad de Puerto Rico.

Ritzer G. (1993). *The MacDonaldization of Society*. Pine Forge Press, Newbury Park, California.

Ritzer G. (1998). *Enchanting a Disenchated World*. Pine Forge Press, Newbury Park, California.

Spring Joel (1991). *American Education*. Lawrence Erlbaum Associates, Inc., Publisher. USA.

Steinberg S. & Kincheloe J. (1997). *Kinder Culture*. Westview Press, Colorado, USA.

Weber, M. (1997). *The Theory os Social and Economical Organization*. The Free Press, Simon and Schuster, USA.

Willis, P. (1977). *Learning to Labor*. Lexington: Heath

Zizek S. (1989). *The Sublime Object of Ideology*. Verso. London.

Sinopsis obras del autor José Castrodad
Ph.D.

Una Vida Insignificante

Yo soy de esos que ha vivido y que tengo asuntos que necesito relatar. Y es que la cercanía del final hace insuperable la necesidad de revisitar los pedazos de memoria que poseemos. Me llamo Alberto Montero, otro más de los cientos de millones de almas que han pasado por esta dimensión y que pronto no estará aquí. En todo el tiempo, nunca he sido mayor que nadie, ni más inteligente y mucho menos más adinerado que nadie. No he sido importante ni reconocido, ni homenajeado ni distinguido. Sencillamente, he tenido una vida. He sido otro que nació, vivió y está a la salida como le pasará a cualquier otro hijo de vecino. Una persona ordinaria e insignificante que salía a la calle diariamente a cumplir con el mandato natural de vivir.

Doravidia (Novela)

¿Qué tal si les ofrecen vivir en un mundo en que se garantice la alegría y la felicidad? ¿No sería fabuloso, sobre todo cuando vivimos un momento histórico de tanta maldad? Pero, si el ofrecimiento viene condicionado a que a cambio de la felicidad entreguen la libertad de pensar. ¿Cuál escogerían? ¿La felicidad o la libertad?

Esta novela presenta una propuesta de un mundo social que hoy día viene erigiéndose y de los peligros que conlleva. Se trata de una nueva existencia idílica donde incesantemente se crean personajes, mundos y los escenarios mágicos que tanto atractivo han tenido para la tan vieja raza humana. Pero, todo tenía un costo. Doravidia representaba un extraordinario laboratorio político en que, aparentando libertad social, el dominio estaba en manos de los directores exitosos de la programación.

Sobre las Huellas de Zaratustra (Novela)

En la misma tradición profética de Así Habló Zaratustra, de Federico Nietzsche, y de El Profeta, de Kalil Gibrán, el Dr. José Castrodad emprende una aventura de reflexión existencial en su recién publicada novela titulada Sobre las Huellas de Zaratustra, partiendo de los textos clásicos y advirtiendo a lo que puede llegar la humanidad de no pensar en los peligros que se viven hoy día.

El ejercicio de pensamiento que provoca la novela, parte de una reflexión solitaria a las afueras de su ciudad de Doravidia, no conforme con que allí se había manufacturado una vida de imágenes, de placer y felicidad para todos los residentes y se había abandonado la visión extendida de un Dios Primario y Ultimo que siempre ha acompañado al ser desde el origen de la historia.

En Doravidia había numerosos mundos inventados. Se había logrado que la gente experimentara una inmersión total de tipo psicológico y una de tipo físico, donde se sentía estar dentro de un espacio que, aunque fuera simulado, fuera como su realidad.

Life Sucks (Tratado de Sociología Crítica)

El libro describe la intervención las fuerzas hegemónicas existentes en la vida de un ser, partiendo desde la niñez hasta convertirlo en un ciudadano 'normalizado' o como mejor se conoce, funcional, proclive a la vida 'light', a la simpleza, a la cosificación y al consumo. La fórmula presenta la mecánica del uso de las ideas y la convicción como un mecanismo de dominación. Se trata de la práctica de inculcar las ideas de los grupos con intereses particulares entre los grupos sociales y así ganarles el corazón, la conciencia y la voluntad.

La Bella Pasión de Pedro Fowler (Novela)

La novela trata del proceso angustioso de un profesor universitario de filosofía, anteriormente, periodista que cansado de escribir textos académicos y noticias, decide escribir un libro que le haga feliz y haga feliz a otros. En el proceso de reflexión continua de cómo hacerlo se encuentra con el tema necesario de la belleza, la que busca definir desde distintas concepciones, por ejemplo, desde el amor, la amistad, las relaciones sociales, el arte y la naturaleza.

Finalmente, encuentra que solamente es posible encontrar la belleza desde el uso de las palabras.

Mientras la novela toma su curso, el protagonista se enfrenta con una experiencia de amor por una ex compañera periodista y con el amor maternal que le ofrece una vecina. Sus amigos atraviesan por distintas experiencias, como uno que sospecha que su esposa le es infiel, y descubre que ciertamente lo es, pero que su mujer se está enamorando de otra mujer.

De Blanco Vestida (Cuentos)

Este trabajo consiste de siete cuentos que fueron inspirados por aquellos trajines diarios que tenemos. En cada uno de los cuentos florece la condición humana y sus contradicciones. Si miramos detenidamente, virtualmente todas las especies se dejan guiar por sus instintos desarrollados naturalmente en la evolución. Estas actúan de una manera particular porque ello está en su naturaleza. En cambio, los humanos actuamos de otra manera. Nosotros tenemos una aplicación especial dentro de la cabeza que nos permite actuar a voluntad, como resultado de un juicio valorativo. Estamos inmersos en el juego entre unos y otros, en fin entre nosotros mismos.

Sobre el Autor

José Castrodad- Como periodista por muchos años, ha logrado conocer las interioridades estratégicas y los procesos de la ejecución de las fuerzas de dominio proveniente de los gobiernos, tanto como de los distintos grupos de intereses, que mantienen a la sociedad dirigida desde las alturas del poder. En sus escritos, el autor hace evidente ese conocimiento. Escritor poderoso en su prosa, claro y sucinto, herencia que trae del periodismo. Se describe como un pensador crítico cuando toma el análisis de las fuerzas de los gobernantes sobre los gobernados y el poder de las imágenes e ideas que estos imponen. No obstante, por ello no deja de ser tierno y emocional cuando la historia lo requiere. Gusta ir al detalle en su narrativa creando un cuadro pictórico tanto de lo exterior como de la interioridad humana. Ha escrito varios libros: Life Sucks, que es un tratado de Sociología; De Blanco Vestida, cuentos escritos desde la experiencia diaria; La Bella Pasión de Pedro Fowler, novela sobre la búsqueda de la belleza y la felicidad, Doravidia, donde se hace un ejercicio de la sociedad futura bajo el dominio de las imágenes y el consumo y, finalmente, Sobre las Huellas de Zaratustra, secuela de la obra anterior y que relata las peripecias de un nuevo profeta a la población de Doravidia, con intención de destruir sus valores. Posee un Ph.D. de PennState University en Currículo e Instrucción.

En caso de querer comunicarse con este servidor pueden hacerlo mediante los correos electrónicos: jac4749@yahoo.com, o a drjosecastrodad@gmail.com. Mi dirección postal es: Dr. José Castrodad, RR-2 Buzón 5732, Cidra, Puerto Rico, 00739.

www.ingramcontent.com/pod-product-compliance
Lightning Source LLC
LaVergne TN
LVHW022333060326
832902LV00022B/4019